Insektenwelt für Ahnungslose

KOSMOS

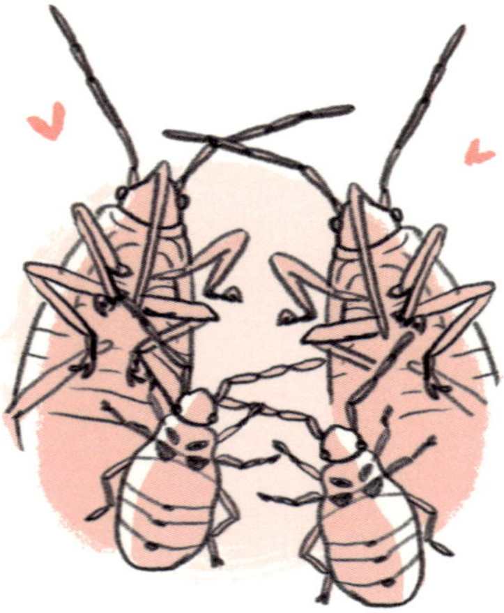

Für Wend, Titus und Wilma.

Insektenwelt für Ahnungslose

Krabbeltiere sehen und lieben lernen

Krabbeltiere überall

Zauberhafte Zuckermäulchen, auch als Silber- und Ofenfischchen bekannt, nebst frecher Schaben, die überleben, was Menschen nicht überleben (»Klimakrise, LOL ... auf die nächsten 300 Millionen Jahre!«) schwirren, brummen und krabbeln auf den folgenden, wunderschönen Seiten durchs Buch. Schmetterlinge, Schwebfliegen, Heuschrecken, Eintagsfliegen und Käfer sind natürlich auch dabei. Und Florfliegen mit ihren tollen Ader-Netzen im Flügel – big love. Es fehlt echt nix.

In den letzten Jahren durfte ich Tausende eingesendeter und eigener Insekten-Fotos während des zeitlich begrenzt geplanten, bei mir aber dann doch von Frühjahr bis Herbst dauernden »Insektensommers« veröffentlichen. Dazu habe ich unter anderem unseren ganzen Labor-Balkon in wilden Wuchswahnsinn umgewandelt, indem ich einfach gar nix gemacht habe – außer zu gießen und zu schauen, was da wohl wächst und herumgeistert. Es stimmt: Der Boden wird dabei, anders als die darauf blühenden, wild wachsenden Blumen, wirklich oft unterschätzt: »Hier nistet der Großteil der nestbauenden Wildbienen-Arten«, schreibt Véro Mischitz ganz richtig. Obwohl ich Biologie studiert habe und alle möglichen Fliegen kenne, wusste ich das mit dem Boden vorher auch nicht. Im Sand leben Sand-Insekten ... eigentlich einleuchtend, aber hey.

Eingesendete Foto-Insekten-Stars waren der innerhalb weniger Jahre von Süd- nach Nord-Europa durchgewanderte, blauviolett schimmernde Ölkäfer, außerdem die auffälligen Hirschkäfer und der ultrapuschelige Pinselkäfer. Den hatte ich vorher noch nie gesehen und bin daher so lange rumgerannt, bis ich ihn auf einer wilden Wiese gefunden habe. Sehr schick!

Wildnis für Insekten

Jedes nur mögliche Eckchen Grün wild hochwachsen zu lassen, das ist echt der größte Spaß: Unbekannte Blumen, Insekten, wimmelndes Wirken! Je öfter ihr Gärten, die Erde um Bäume herum, Rasenflächen und dergleichen einfach gärtnerisch in Ruhe lasst, umso mehr werdet ihr dort entdecken. Das beruhigt nebenbei auch noch: Natur erdet uns innerlich. Ist untersucht und bewiesen!

„Hummeln", also Wildbienen, mag jede und jeder, doch immer öfter finden auch achtbeinige und daher nicht insektöse Keller-, Winkel- und Spring-Spinnen ihre Fans. Klassiker der sechsbeinigen Krabbeltiere sind Grashüpfer und die wunderschönen Wanzen, von denen manche angeblich stinken. Für mich stinken sie übrigens nicht, ich finde ihren Geruch interessant und angenehm. Ich will ja nicht darin baden.

Also: Es ist echt mega was los auf Wiesen und an Waldrändern! Dort darf bloß nicht gemäht, gezupft und gewalzt werden. Probiert es aus, es ist wie ein Wunder: Durch Nichtstun entsteht lässigstes Leben.

Ab nach draußen!

Wie schön, dass in Véros Spitzenbuch auch die Köcherfliegenlarve (»FKK, olé-olé«), der Uferbold (»ein Sommertyp«) und die selten gesehene, dann aber die Sehgewohnheiten zersprengende Skorpionsfliege, die wie für Science-Fiction-Filme erfunden aussieht, eure nun vermutlich schwer stillbare Neugier auf die lebenden Tiere wecken.

Natürlich könnt ihr auch im Labor allerhand sehen (siehe Seite 33 ...), aber sobald die Sonne unsere Sechsbeiner wieder herauslockt, dürftet ihr euch dank der schönen Beispiele in diesem wirklich saucoolen Buch ebenfalls nach draußen locken lassen. Macht Fotos, sonst glaubt ihr im Winter vielleicht nicht mehr, was ihr gesehen habt.

Falls ihr nervenstark seid und Schleichen üben wollt: Versucht mal, einzelne zirpende Grillen in einer Wiese anhand ihres schnarrenden Gesäges im Gras zu entdecken. Wenn ihr das übt, spart ihr euch eine zehnjährige Ausbildung beim weisen, alten Menschen auf einem Gipfel in der Ferne: Ihr werdet beim Grillenorten in der heimischen Wiese dasselbe tiefe Wissen über unsere Welt erfahren. Nur, dass ihr abends zu Hause Euer Lieblingsessen verspeisen könnt.

Wir sehen uns in Wald und Flur! Oder die Insekten euch. Oder wir uns alle.

Herzlich euer Dr. Mark Benecke
Kriminalbiologe & forensischer Entomologe

Insektenwelt für Ahnungslose

Warum ausgerechnet ...Insekten?

Insekten sind großartige Beobachtungsobjekte. Egal zu welcher Tages- oder Jahreszeit du dich auf die Suche begibst, egal in welchem Lebensraum du unterwegs bist - irgendjemand flattert oder krabbelt immer vorbei.

Frühling

ZITRONENFALTER und MAUERBIENE gehören zu den ersten Insekten, die sich nach draußen wagen, sobald die Tage wärmer werden.

Admiral

Maikäfer

Sommer

Jetzt haben die meisten Insekten Hochsaison. Alles schwirrt, summt und brummt. Ohne nennenswerte Anstrengungen kannst du an jeder Ecke spannende Beobachtungen machen.

Herbst

Einige Insekten suchen sich warme und sichere Verstecke, um zu überwintern. An Hauswänden, Rollladenkästen und Co. kannst du jetzt zum Beispiel große Ansammlungen von SIEBENPUNKT-MARIENKÄFERN beobachten.

Winter

Steinfliegen sind auch zu dieser Jahreszeit aktiv. Mit etwas Glück siehst du sie in der Nähe kleinerer Bäche über Brückengeländer spazieren. Auch die urtümlich wirkenden Felsenspringer treiben sich trotz der Kälte im Winter draußen herum.

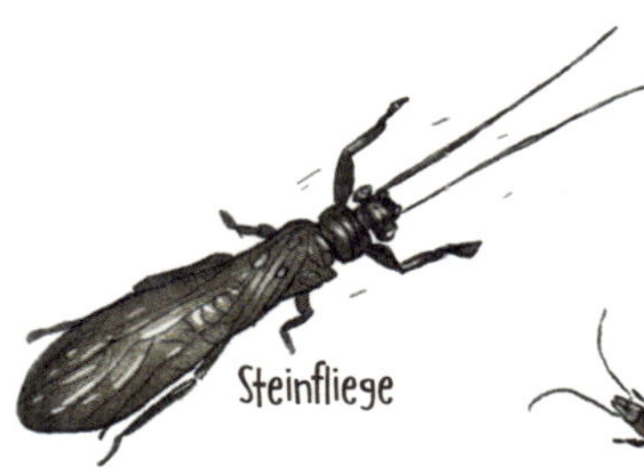

Steinfliege

Felsenspringer

Alles, was du tun musst, ist hinzuschauen und dich von ihrer Vielfalt und Schönheit begeistern zu lassen.

Weißt du noch?
[Eine kleine Zeitreise]

Weißt du noch, wie selbstverständlich das früher war? Alles war faszinierend. Alles war cool und einen genaueren Blick wert.

Während größere Wildtiere häufig nur aus sicherer Entfernung zu beobachten waren (Hallo Fluchtdistanz!), ließen Insekten und anderes Kleingetier uns bereitwillig ganz nah ran.

Der erste Hirschkäfer auf meiner Hand, unvergesslich.
Ich hatte vorher noch nie so ein riesiges Insekt gesehen!

Nobody knows the trouble I've seen ...
Ich erinnere mich an die ersten Glühwürmchen, die großen Heupferde, die fingerdicken Raupen des großen Gabelschwanzes, die unbeholfenen Hummeln, die knuffigen Springspinnen (keine Insekten, aber todesniedlich) ...
Tihi.
kein Insekt
Manche von ihnen sind selten geworden, aber viele kenne ich schon ewig. So ist jedes unverhoffte Wiedersehen mit ihnen auch ein klitzekleiner Glücksmoment im Alltag.
Uärks.
Vielleicht wäre mein Interesse irgendwann trotzdem abgeflaut. Dann allerdings passierte etwas ganz und gar Großartiges:
AQUAZOO
Boarr!!
Es war liebe auf den ersten Zoobesuch.

Hier im Aquazoo Düsseldorf konnte ich sie alle aus nächster Nähe betrachten, so lange und so oft wie ich wollte. Ich war sieben, hatte mein Herz verloren und wusste es noch nicht einmal.
Waaaaoh!

Plötzlich gab es immer und überall etwas zu entdecken. Jetzt, da ich einmal bewusst hingeschaut hatte, konnte ich nicht mehr wegsehen.
Kommst du?
Ja, gleich.

Und warum hätte ich das auch tun sollen? Es macht unglaublich viel Spaß! Irgendwann wurde ich sogar gut darin, die Ähnlichkeiten und Unterschiede zu erkennen. In die Faszination mischte sich Vertrautheit. Ich bekam einen immer besseren Überblick. Ein verdammt gutes Gefühl.

Das kannst du auch! Die Welt der Insekten steht dir offen. Probier es aus. Mit jedem Ausflug wirst du neue Details bemerken und dich mit der Zeit immer besser auskennen. Ganz egal auf welchem Level du einsteigst, es geht immer nach vorne. Unverhoffte Begegnungen und ganz erstaunliche Überraschungen erwarten dich.

Wir sind schön!

Kirschprachtkäfer [Anthaxia candens]

Sechsfleck-Widderchen [Zygaena filipendulae]

Raupe des Ligusterschwärmers [Sphinx ligustri]

Streifenwanze [Graphosoma italicum]

Blaue Holzbiene [Xylocopa violacea]

Tagpfauenauge [Aglais io]

* Wie wir unseren coolen Metallic-Look hinbekommen, kannst du auf Seite 50 nachlesen.

Brauner Bär
[Arctia caja]

Dreistreifige Waffenfliege
[Oxycera trilineata]

Hauhechelbläuling
[Polyommatus icarus]

Rhododendronzikade
[Graphocephala fennahi]

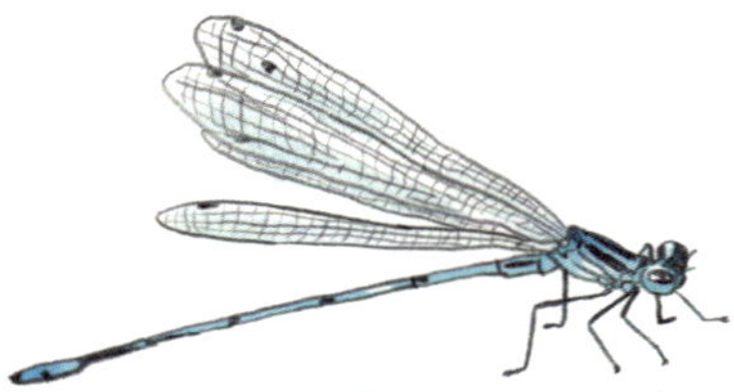

Hufeisen-Azurjungfer
[Coenagrion puella]

Sand-Goldwespe
[Hedychrum nobile]

Rebstichler
[Byctiscus betulae]

Insekten gibt es in allen erdenklichen Formen und Größen. Vom majestätischen Hirschkäfer bis hin zur Zwergwespe ist in jeder Gewichtsklasse was dabei. Du willst richtig abgefahrenes Zeug sehen? Dann bist du in der Welt dieser gepanzerten Winzlinge genau richtig!

Hirschkäfer
[Lucanus cervus]

Wasserskorpion
[Nepa cinerea]

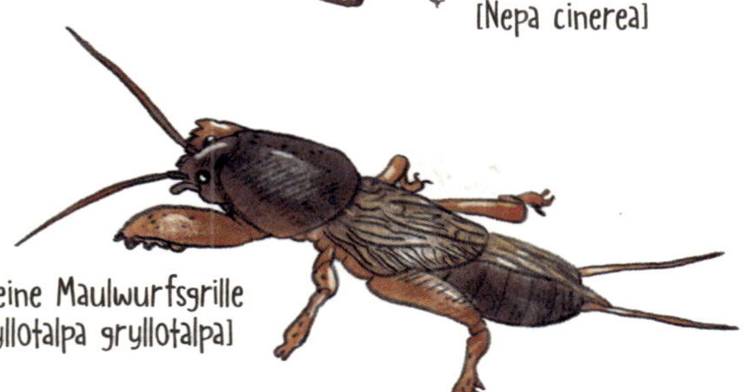

Gemeine Maulwurfsgrille
[Gryllotalpa gryllotalpa]

Wir sind viele!

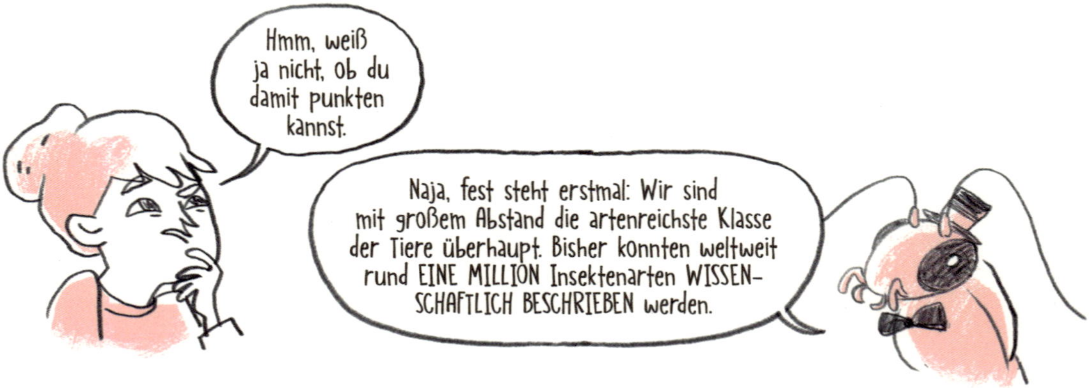

Insekten

weltweit über 1.000.000 Arten
deutschlandweit ca. 33.500 Arten

Säugetiere

weltweit ca. 6.399 Arten
deutschlandweit ca. 136 Arten

Vögel

weltweit ca. 10.350 Arten
deutschlandweit ca. 510 Arten

Das bedeutet im Klartext, dass Insekten MEHR ALS 60 % aller uns heute bekannten Arten ausmachen! Die restlichen 40 % verteilen sich auf ALLE anderen Gruppen, also Fische, Amphibien, Reptilien, Vögel, weitere Gliederfüßer, Weichtiere und viele mehr. Ein beeindruckendes Verhältnis!

Dazu kommt dann noch die schiere MASSE, in der Insekten in der Regel auftreten. Eine Ameise zum Beispiel ist winzig. Würden wir aber alle Ameisen der Welt zusammen wiegen, brächten sie viel mehr auf die Waage, als alle Menschen der Welt gemeinsam. Es gibt also nicht nur mehr Arten, sie bringen auch deutlich mehr BIOMASSE* ins Spiel. Und das bringt uns auch schon zum nächsten Punkt:

* Biomasse ist das gesamte organische Material von Lebewesen oder ihren Körperteilen.

Wir sind unentbehrlich!

Das stimmt! Insekten sind eine Gruppe von gewaltiger ökologischer Bedeutung für das Leben auf diesem Planeten, wie wir es heute kennen. Eine Welt ohne Insekten kann auch für uns Menschen überaus ungemütlich werden, denn Insekten sind:

Futter

Viele kleinere Wirbeltiere sind auf Insekten als Nahrung angewiesen. Diese kleinen Tiere dienen dann wiederum größeren als Nahrung und so weiter. In diesem komplexen Geflecht bilden Insekten die Basis, ohne die alle anderen mächtig aufgeschmissen wären.

Räuber & Parasiten

Es gibt auch Insekten, die andere Insekten jagen (Räuber) oder sie als Wirt nutzen (Parasiten). Sie halten die Vermehrung ihrer Kollegen unter natürlichen Bedingungen gut in Schach und sorgen somit für ein Gleichgewicht in der Natur. Mit dem Tempo, in dem wir natürliche Systeme AUS dem Gleichgewicht bringen, können aber selbst die Besten unter ihnen nicht mithalten.

Zersetzer

Auf dem Speisezettel vieler Insektenarten stehen Delikatessen wie Totholz und andere abgestorbene Pflanzenteile, Kot und Kadaver. Sie räumen in der Natur auf und machen gebundene Nährstoffe schneller wieder zugänglich. Nicht auszudenken, was hier alles so rumliegen würde, wären sie nicht ständig damit beschäftigt, den Unrat zu beseitigen. Beschaffenheit und Fruchtbarkeit unserer Böden hängen ebenfalls unmittelbar von bodenlebenden Insekten ab.

Bestäuber

Wer keine Insekten frisst, frisst Pflanzen und die werden zu knapp 88 % von ... richtig: Insekten bestäubt. Gemüse, Obst und andere Nutz- und Wildpflanzen können nur mithilfe zahlreicher Insekten Früchte tragen und fortbestehen. So sichern Insekten die Vielfalt heutiger Lebensräume und ganz nebenbei auch unser Überleben.

Obwohl wir gut und gerne von 90 % der Insekten, die um uns herumwuseln, nichts mitbekommen, sind sie in unserem Alltag fast immer präsent. Aufgrund ihrer oft geringen Scheu und ihrer Größe ist es recht einfach, ihnen nahe zu kommen und sie genauer unter die Lupe zu nehmen.

Es ist übrigens okay, wenn dich Insekten nicht gleich total aus den Socken hauen.
Wart mal kurz, du hast da ...
!!!
... ?
Hiiiiiiiiiihhh!!! Wie EKELHAFT!! Mach das weg! MACH DAS WEG!
Ey, wir haben auch Gefühle!
Manchmal braucht das etwas Zeit.

Nimm sie dir und schau dich um. Vor deinen Augen liegt eine ganze Welt verborgen. Hast du Lust den ersten Schritt zu wagen?

Auf zu kleinen Welten: Wo und wie fange ich an?

Die Welt der Insekten erschließt sich nicht auf einen Schlag, sondern ganz gemütlich nach und nach. DU bestimmst dabei Richtung und Tempo. Also, wie würdest du gerne starten - entspannt oder mit Vollgas? Was möchtest du verstehen? Was findest du besonders interessant? Pick dir die Rosinen raus und fang damit an. So hältst du die Begeisterung wach.

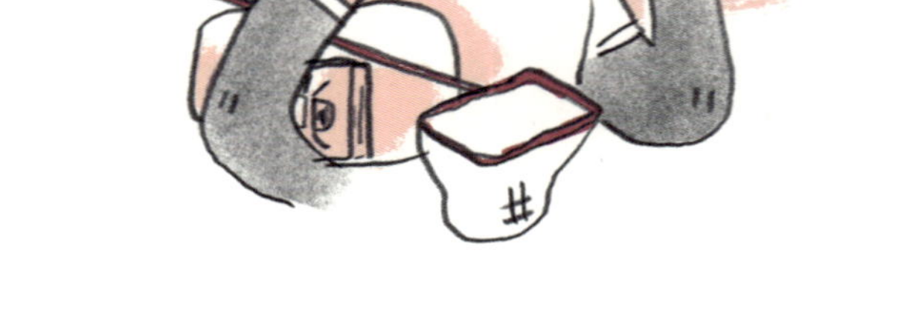

Es gibt unzählige Möglichkeiten und du hast die freie Wahl! Vielleicht führt dich dein Weg später ja auch in eine ganz andere Richtung. Das ist okay. Hauptsache, du läufst erst mal los.

Deine ersten Beobachtungsobjekte zu finden, ist kinderleicht. Was für uns ein Balkonkasten ist oder ein Strauch, ist für Insekten oft die ganze Welt. Vor deiner Haustür liegen unzählige dieser Welten verborgen, die verschiedener nicht sein könnten.

Jeder Baumstumpf, jedes Gewässer, jeder Stein dient den unterschiedlichsten Arten als Lebensraum und bietet dir damit auch haufenweise tolle Beobachtungschancen.

Lass dich von deinen Interessen leiten und gerne auch ein bisschen treiben. Den Fahrplan dafür hältst du hier in der Hand. Nutze dieses Buch so, wie es für dich passt.

Dabei fängt wirklich niemand bei Null an. Auch du nicht. Neben Honigbiene und Marienkäfer hast du ganz bestimmt einige der Tierchen auf dieser Doppelseite irgendwann schon einmal gesehen, sei es in der freien Natur, auf Fotos oder im Film:

Vespa crabro
☐ schon gesehen
☐ kenne ich:
o s

Nicrophorus vespillo
☐ schon gesehen
☐ kenne ich:
T ä

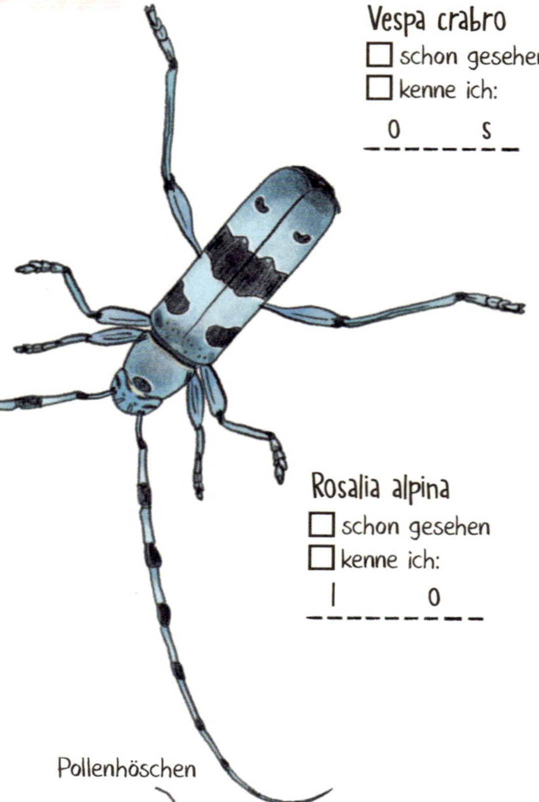

Rosalia alpina
☐ schon gesehen
☐ kenne ich:
l o

Sarcophaga carnaria
☐ schon gesehen
☐ kenne ich:
Graue e i

Bombus terrestris
☐ schon gesehen
☐ kenne ich:
Dunkle E l

Macroglossum stellatarum
☐ schon gesehen
☐ kenne ich:
u ä n

Gryllus campestris
☐ schon gesehen
☐ kenne ich:
g l

Streichholz zum Vergleich
[ca. 4 cm lang]

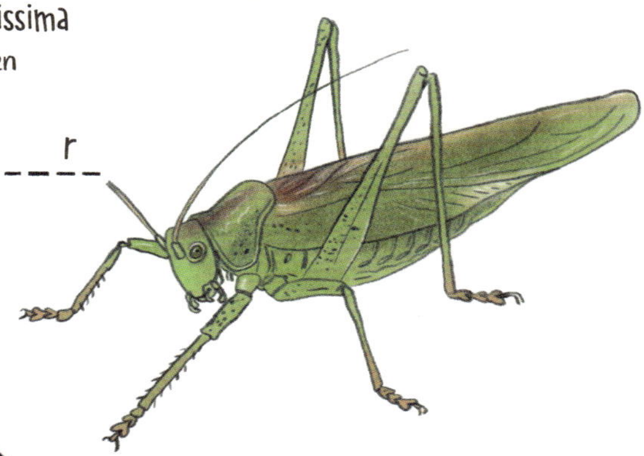

Tettigonia viridissima
☐ schon gesehen
☐ kenne ich:
Großes _ e _ _ _ r _

Leptinotarsa decemlineata
☐ schon gesehen
☐ kenne ich:
_ r _ _ _ _ _ ä _ _ _

Palomena prasina
☐ schon gesehen
☐ kenne ich:
_ t _ w _ _ _ _ _

Papilio machaon
☐ schon gesehen
☐ kenne ich:
_ c _ _ _ _ e _ _ _ _ _ _ _ z

Oryctes nasicornis
☐ schon gesehen
☐ kenne ich:
N _ _ _ _ _ _ ä _ _ _ _

Camponotus ligniperda
☐ schon gesehen
☐ kenne ich:
Braunschwarze _ _ _ _ a _ _ e

Cetonia aurata
☐ schon gesehen
☐ kenne ich:
Goldglänzender _ o _ _ _ ä _ _ _

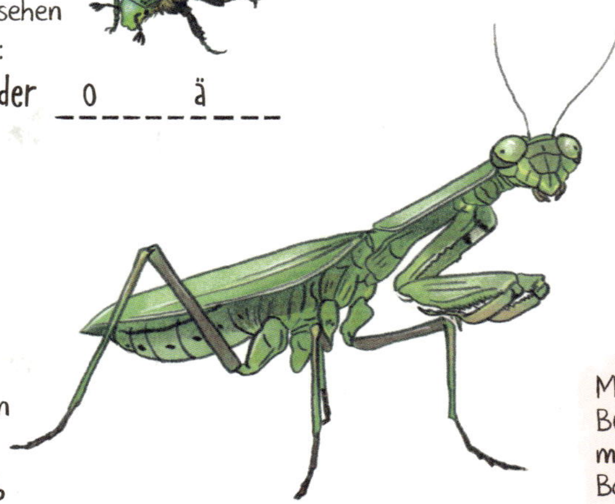

Mantis religiosa
☐ schon gesehen
☐ kenne ich:
G _ t _ _ _ b _ _ _ _ _ _ _

Mut zur Lücke! Wenn du mit diesem Buch durch bist, kannst du hier noch mal vorbeischauen und den Rest der Bande easy-peasy ergänzen. Los geht's!

8 Denkanstöße für einen guten Start in dein Insektenabenteuer:

Insekten sind zwar klein, aber trotz allem Lebewesen und ein wichtiger Bestandteil unserer Natur. Das respektieren wir und richten unseren Umgang mit ihnen entsprechend aus:

1. STAYIN' ALIVE

Insekten zu töten mag unter bestimmten Bedingungen (Forschung, Dokumentation) akzeptabel sein. Wir beschränken uns aber auf die Beobachtung in der freien Natur – und das nach Möglichkeit so, dass die Tiere nicht geschädigt werden.

2. AN ORT UND STELLE

Deine Anwesenheit sollte die Tiere möglichst wenig beeinträchtigen. Sammelst du Insekten zur Beobachtung ein, sei behutsam und lasse sie unbedingt dort wieder frei, wo du sie gefunden hast. Geschützte Insekten dürfen ohne Genehmigung nicht gefangen werden. Das gilt z. B. für fast alle unserer heimischen Schmetterlingsarten.

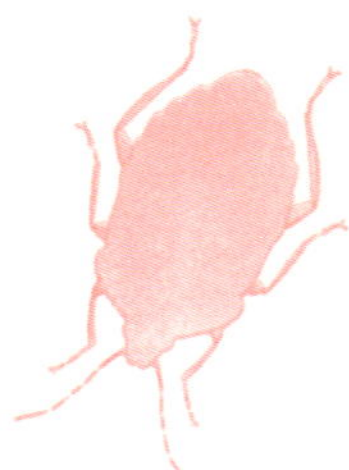

3. RÜCKSICHTNAHME

In der Natur bist du Gast. Gehe achtsam mit ihr um und versuche, so wenige Spuren wie möglich zu hinterlassen. Im Zweifel gelten die Verordnungen und Gesetze zum Schutz wild lebender Tiere und Pflanzen.

4. RESPEKT

Egal wo auf der Welt du unterwegs bist: Respektiere die Landschaft, in der du dich bewegst, ebenso wie die anderen Menschen darin.

5. FRUSTFREI UNTERWEGS

Insekten kommen und gehen, du kannst sie nicht kontrollieren. Mach dich frei von Erwartungen und lass dich stattdessen von dem mitreißen, was kommt.

6. MUT ZUR LÜCKE

Beobachtungserfolg & Spaß sind nicht ausschließlich von Artenkenntnis & Fachwissen abhängig. Letzteres kommt mit der Zeit sowieso, wenn du Wert darauf legst.

7. ENTSCHLEUNIGUNG

Insekten bieten dir jeden Tag eine neue Gelegenheit, bewusst hinzuschauen und bei ihrer Beobachtung langsam wieder im Hier und Jetzt anzukommen.

8. FEHLER SIND CHANCEN

Erfahrung braucht drei Dinge: Zeit, Übung und den Mut, immer wieder zu scheitern. In der Naturbeobachtung wirst du dein Leben lang Fehler machen. Und du wirst dein Leben lang neue, spannende Dinge dadurch lernen.

Kleine Helferlein

Grundausrüstung & Unverzichtbares

Unser Ziel sind Naturbeobachtungen, bei denen die Insekten und der Spaß an Entdeckungen im Mittelpunkt stehen. Brauchen wir materialmäßig das volle Programm? Da kann ja schon so EINIGES zusammenkommen:

Was ist eigentlich WIRKLICH nötig, um die kleinen wuseligen Brummerchen so achtsam wie möglich und so aufmerksam wie nötig betrachten zu können?

Dein wichtigstes Werkzeug bleiben Augen und Ohren. Alles andere sind HILFSMITTEL. Die benutzt du, um Insekten EINZUSAMMELN, in Ruhe zu BETRACHTEN, möglichst gut EINZUORDNEN und um deine Beobachtungen zu DOKUMENTIEREN.

Zum Einsammeln

Bei einem entspannten Spaziergang wirst du auch ganz ohne Gedöns eine Menge Insekten zu Gesicht bekommen. Blühende Pflanzen locken Pollen- und Nektarfresser an und wo die sich aufhalten, lassen Räuber meist nicht lange auf sich warten. An Pfützen, Tümpeln und andereren stehenden Gewässern löschen alle zwischendurch ihren Durst. Willst du einzelne Tiere ganz genau ansehen oder herausfinden, wer sich alles im Verborgenen aufhält, können diese Hilfsmittel nützlich sein:

Fangnetze*

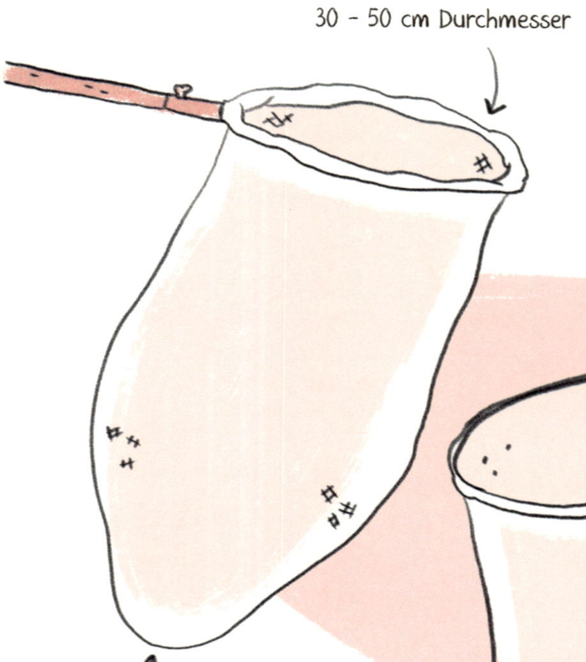

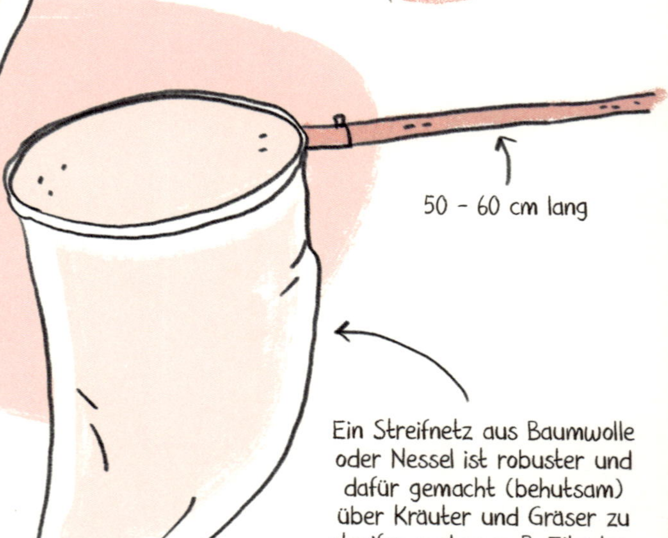

Dieses Netz aus Nylon, Tüll oder Seide ist nur für den Einsatz in der Luft gedacht. Es ist extrem dünn und leicht. Trotzdem lassen sich Verletzungen der Tiere nie ganz ausschließen, also immer gut abwägen, ob der Einsatz angebracht ist.

Ein Streifnetz aus Baumwolle oder Nessel ist robuster und dafür gemacht (behutsam) über Kräuter und Gräser zu streifen und so z. B. Zikaden, Wanzen, Grashüpfer oder Käfer einzusammeln.

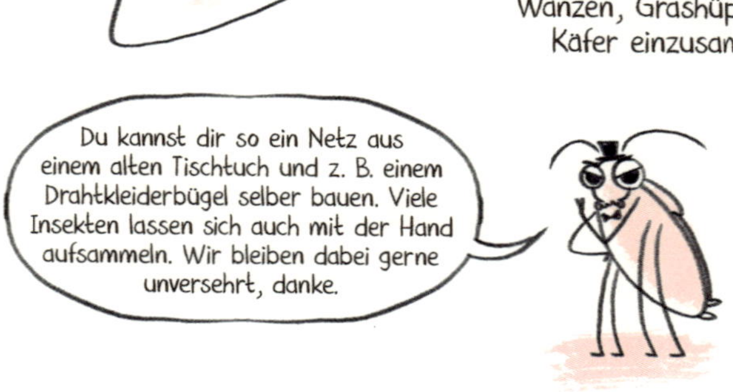

* Für das Mitführen eines Fangnetzes kann eine Genehmigung erforderlich sein!

Kescher

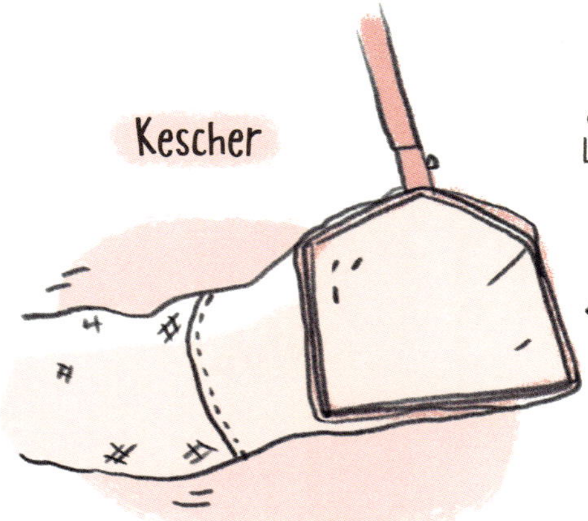

für den Einsatz im Wasser, vorne oft verstärkt, hinten robuster Netzstoff, Low-Budget-Alternative für den Einstieg: ein ausgedientes Küchensieb

Klopfschirm, T-Shirt oder Tuch

fängt auf, was du vorsichtig vom Ast klopfst

Exhaustor, Marke Eigenbau

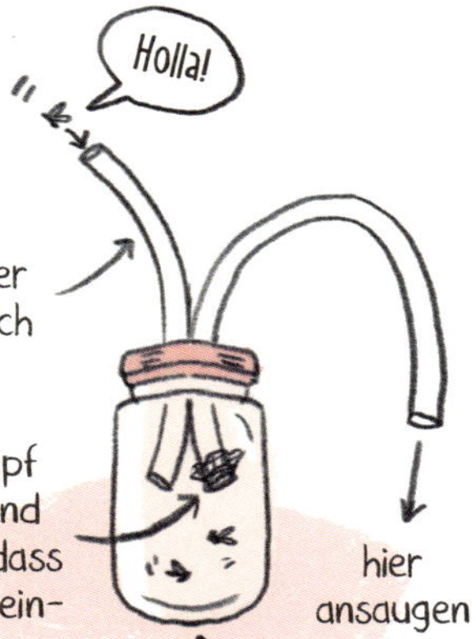

flexibler Schlauch

Nylonstrumpf & Gummiband verhindern, dass du Insekten einatmest.

hier ansaugen

Gurken- oder Marmeladenglas

Sieb

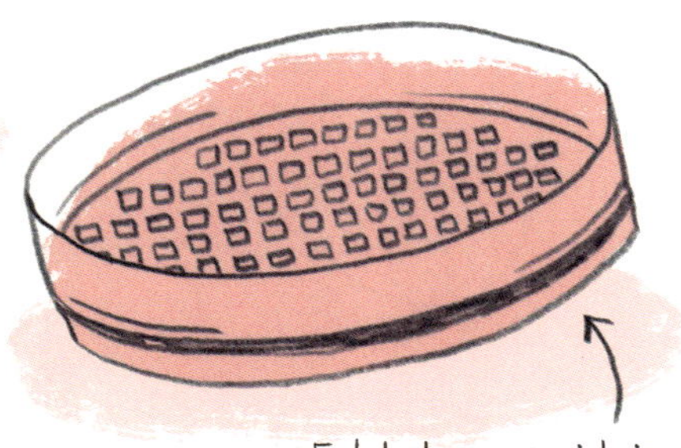

Entdecke, wer sich in der Bodenstreu versteckt.

Sammelgefäße

Hier machen deine Insekten Zwischenstation.

Luftlöcher oder luftdurchlässige Stopfen

Zum Angucken

Insekten sind KLEIN und daher zählen Sehhilfen zu den nützlichsten Ausrüstungsgegenständen, um sie in ihrer vollen Pracht betrachten zu können. Becherlupen kannst du fast überall bekommen. Sie sind Aufbewahrungsgefäß und Sehhilfe in einem, günstig zu haben und eignen sich gut für den Einstieg. Hast du Feuer gefangen, kannst du auch in ein bis zwei weitere hochwertige Lupen mit höherer Vergrößerung (8x bis 10x sind ideal) investieren.

Hirtentäschel-Kleinrüssler [Ceutorhynchus erysimi]

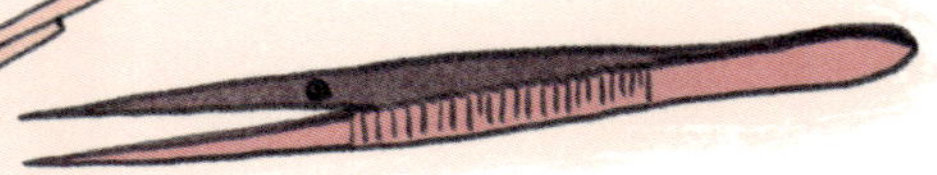

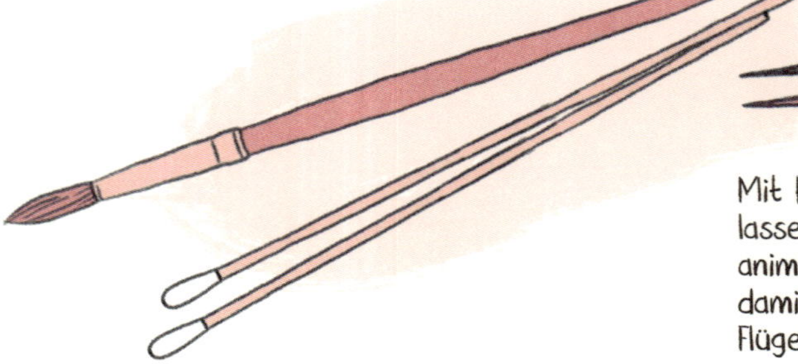

Mit PINSELN, PINZETTEN oder WATTESTÄBCHEN lassen sich Insekten behutsam zur Fortbewegung animieren. Findest du ein totes Insekt, kannst du damit auch seine Körperteile bewegen oder die Flügel entfalten, um sie genauer anzuschauen.

Das Stereomikroskop

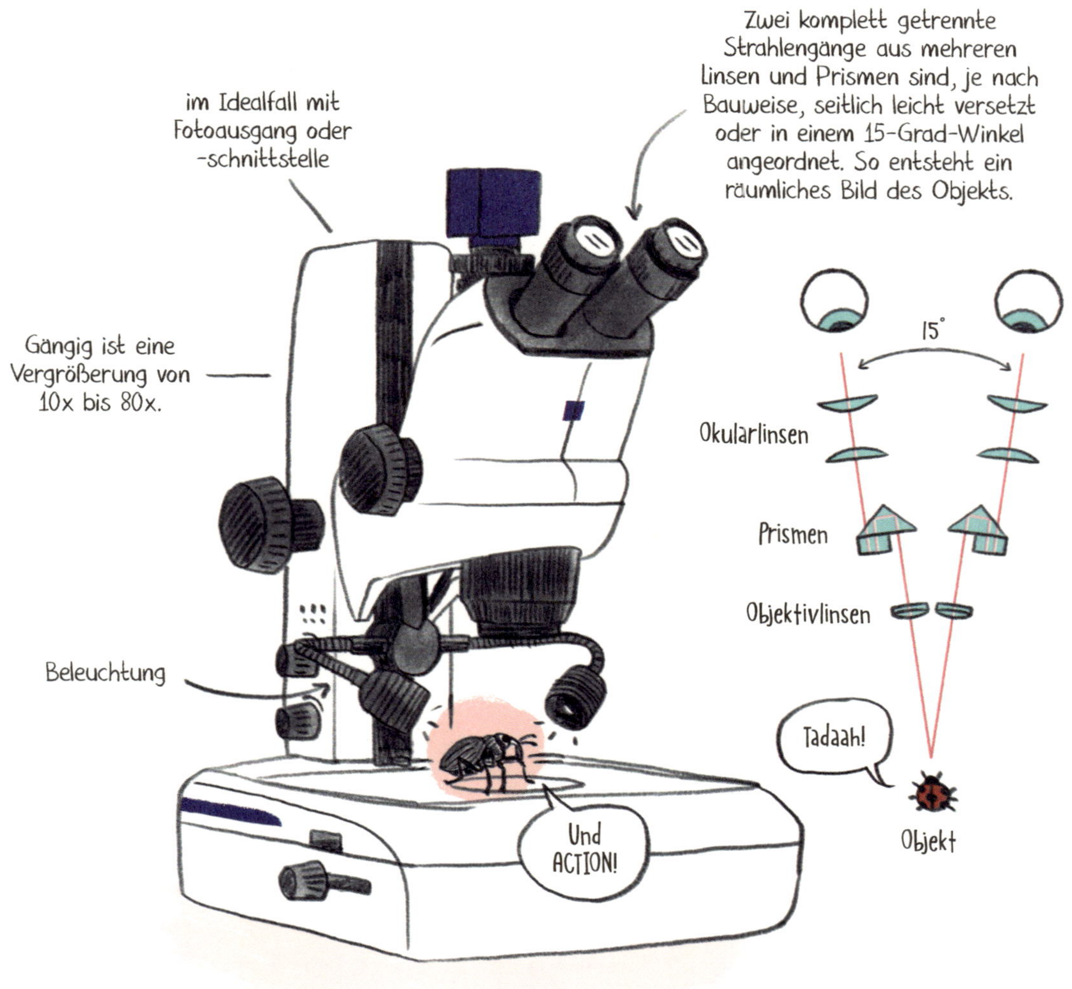

Das Stereomikroskop ist der Porsche unter den Sehhilfen und bringt tolle Details ans Licht. Feinste Merkmale und kleinste Tiere können untersucht oder Insekten möglichst sicher bis auf die Art bestimmt* werden. Leider geht so ein Gerät schnell ordentlich ins Geld. Die Preisspanne erstreckt sich von wenigen Hundert bis mehreren Tausend Euro, wobei die sehr günstigen Geräte oft zum Rand hin unscharf abbilden oder störende Farbsäume produzieren. Ob sich so eine Anschaffung für dich lohnt, hängt davon ab, wie intensiv du in das Thema Insektenbeobachtung einsteigst.

* Manchmal geht das nur mithilfe einer Präparation, z. B. der Penisse.

Zum Einordnen

1. Kein BESTIMMUNGSBUCH der Welt kann die Vielfalt und den Detailreichtum der Insekten in einem Gebiet umfassend abbilden. Für den Einstieg lohnt sich ein allgemeines Buch trotzdem, denn es bietet einen guten Überblick über die häufigsten Arten. Irgendwo muss man ja anfangen. Willst du mehr über einzelne Insektengruppen lernen, kannst du dir Stück für Stück eine Buchsammlung aufbauen. Ein gutes Bestimmungsbuch sollte der biologischen Systematik folgen und die Tiere nach Ordnungen oder Familien sortiert vorstellen. Mit ein bisschen Übung findest du dich so besser in der Welt der Insekten zurecht. Darüber hinaus sind folgende Informationen hilfreich:

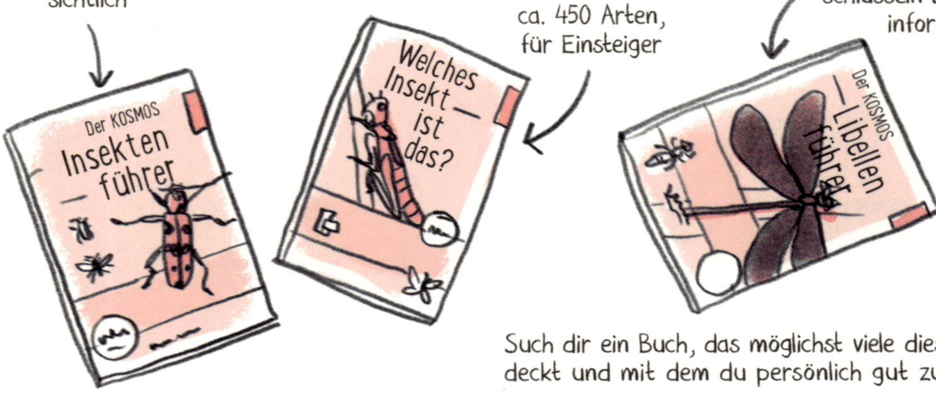

Such dir ein Buch, das möglichst viele dieser Punkte abdeckt und mit dem du persönlich gut zurechtkommst.

NABU Insektentrainer

2. Eine sinnvolle Ergänzung zum Bestimmungsbuch sind BESTIMMUNGSSCHLÜSSEL. Anhand einer Reihe von Alternativfragen zu gut sichtbaren Merkmalen leiten sie dich zu der Ordnung oder Familie, der dein Beobachtungsobjekt sehr wahrscheinlich angehört. Bestimmungstafeln, -hilfen und -schlüssel können unterschiedlich detaillliert und lang sein. Viele sind kostenlos online zugänglich, wie zum Beispiel der NABU INSEKTENTRAINER (super für den Einstieg!).

NABU Insektensommer

NABU

Web-Anwendung
früher Insektenwelt-App
457 Arten-Steckbriefe
mit Bilderkennung

3. Du willst nicht immer ein Buch mit dir herumschleppen und fragst dich, ob es da nicht eine gute APP gibt? Ja und Nein. Allgemeine Apps ersetzen noch keine Bücher. Auch deine Artenkenntnis wirst du mit ihnen schwer verbessern können. Trotzdem sind sie für den kleinen Check-In auf die Schnelle brauchbar, insbesondere dann, wenn sie in Kombination mit Büchern und online-Datenbanken genutzt werden. Die automatische Bilderkennung ist nicht immer verlässlich. Dafür beinhalten einige Apps Bestimmungsschlüssel oder Artenlisten, die schon deutlich mehr bringen. Empfehlenswert ist hier die ORTHOPTERA APP für alle, die sich mit Heuschrecken beschäftigen möchten.

iNaturalist-App

App-Ergänzung zum
Online-Netzwerk
Expert*innen helfen
bei der Bestimmung
für Android & iOS

Observation.org

iNaturalist

naturgucker.de

4. Am besten lernt es sich allerdings immer noch gemeinsam, oder? Das geht in den SOZIALEN MEDIEN, bei MITMACH-PROJEKTEN und auf BÜRGERWISSENSCHAFTSSEITEN. Hier kannst du sehen, was die Community beobachtet hat, deine eigenen Funde hochladen, dich mit anderen Interessierten austauschen und deine Beobachtungen von Fachleuten validieren lassen. Viele Insektenfans betreiben außerdem auf Plattformen wie Twitter oder Instagram spannende Kanäle rund um ihre Herzensthemen.

@totholz.thomas

@verschiedene_dinge

@selinasetsfire

Mehr Website- und Blogempfehlungen findest du im Literaturverzeichnis auf Seite 121.

Zur Dokumentation

1. Solltest du Berührungsängste haben oder Insekten nicht durch einfangen und Handling stressen wollen, kannst du sie auf Fotos festhalten. Mit etwas Übung gelingen dir auch mit einem SMARTPHONE gute Schnappschüsse für die Dokumentation. Manchmal können die Bilder sogar für eine spätere Einordnung der Tiere ausreichen.

2. Deine ästhetischen Ansprüche sind höher? Dann versuch es doch einmal mit Makrofotografie. Insekten sind unfassbar gute Makro-Models. Eine DIGITALE SPIEGELREFLEXKAMERA mit Standardobjektiv kannst du für den Anfang kostengünstig mit einem RETROADAPTER für die Makrofotografie aufrüsten.

digitale Spiegelreflex

Nutze ein Gerät, das du bereits zu Hause hast oder ausleihen kannst. Findest du Gefallen an dem Hobby, kannst du hier investieren.

Stativ

Früher unverzichtbar, ist es dank immer hochwertigerer Technik (Kamera, Blitze, Objektive) heute kein Muss mehr. „Makro-geeignete" Modelle lassen sich bodennah aufbauen und flexibel mit Zusatzgewichten beschweren.

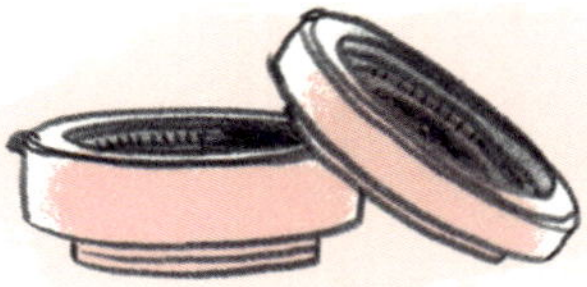

Zwischenringe

erlauben dir, näher an dein Ojekt heranzugehen, der Abbildungsmaßstab wird dadurch größer.

Retroadapter

Damit lassen sich Objektive umgekehrt auf die Kamera stecken & oft sehr starke Vergrößerungseffekte erzielen.

Objektive mit 100 mm Festbrennweite sind für den Einstieg gut geeignet.

Ein integrierter Bildstabilisator macht das Fotografieren einfacher, ist aber auch teurer.

bildet in der Regel im Maßstab 1:1 ab

Makroobjektiv

ist im Vergleich zu den günstigen Lösungen sehr komfortabel in der Bedienung & liefert tolle Bilder, Tipp: gebraucht suchen

optional

3. Damit du auch in ein paar Tagen noch weißt, was du wann und unter welchen Bedingungen beobachtet hast, besorge dir NOTIZBUCH und STIFT. Hier kannst du spontan und zeitnah alles festhalten, was du interessant und spannend findest, was du später noch mal nachschlagen oder überprüfen möchtest und, und, und ... Buch und Stift sind treue Begleiter. Sie helfen dir bei der Dokumentation, dienen als Gedächtnisstütze oder als Grundlage für den Austausch mit anderen insektenbegeisterten Menschen.

Krabblern auf der Spur

Was brauchen Insekten?

Alle Insekten und andere Lebewesen profitieren von vielfältig strukturierten Lebensräumen. Einige Arten haben ganz spezielle Ansprüche und sind auf bestimmte Gebiete beschränkt, andere sind flexibler und kommen an vielen Orten zurecht. Darüber hinaus gibt es oft komplizierte Beziehungen untereinander, zum Beispiel als Räuber und Beute oder als Wirt und Parasit. Ausnahmslos ALLE sind darauf angewiesen, dass folgende Voraussetzungen erfüllt sind, damit sie einen Lebensraum erfolgreich besiedeln können:

1. Nahrung

Geeignete Nahrung muss in ausreichender Menge vorhanden sein – und zwar für die Larven UND die ausgewachsenen (adulten) Tiere!

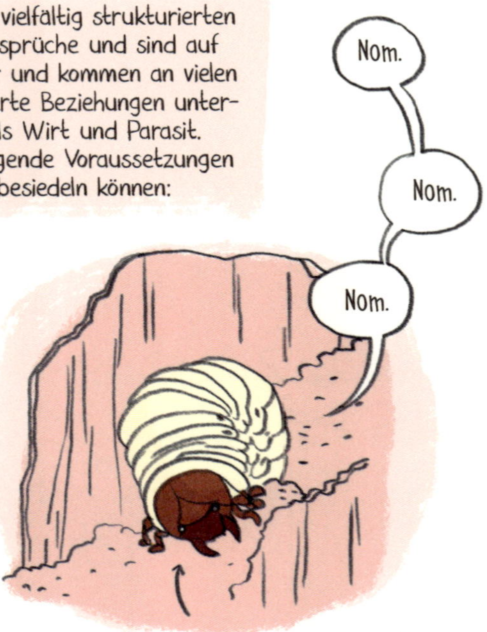

Die Larven des HIRSCHKÄFERS (Lucanus cervus) ernähren sich von morschem, feuchtem und verpilztem Holz, bevorzugt Eiche.

Die Raupen des blauschillernden FEUERFALTERS (Euphydryas aurinia) fressen Wiesenknöterich.

Die Raupen des LANDKÄRTCHENS (Araschnia levana) fressen nur an Brennnesseln.

BIRKENBLATTWESPEN (Cimbex femoratus) entwickeln sich ausschließlich an Birken.

Auch unter den adulten Tieren gibt es mehr und weniger anpassungsfähige Leckermäulchen. Die Beifuß-Blattzikade zuzelt beispielsweise nur an – surprise – Beifuß und Schafgarbe. Eine Kiefernwanze hingegen saugt sich ungeniert durch das komplette Nadelbaum-Angebot am Standort.

2. Verstecke

Insekten stehen auf dem Speisezettel vieler anderer Tiere. Erfolgreich irgendwo zu leben, beinhaltet auch immer, dass ausreichend viele Insekten einer Art ÜBERLEBEN.

3. Nistgelegenheiten

Die Larven vieler Insekten brauchen oft nicht nur ganz bestimmte Nahrung, sondern auch eine geeignete Umgebung, um sich zu einem adulten Insekt entwickeln zu können.

Ein Tierkadaver ernährt eine Vielzahl aasfressender Arten – vorausgesetzt, er wird nicht im Zuge der Landschaftspflege entsorgt.

4. Ruhe

Wenige Monate bis mehrere Jahre kann das Larvenstadium dauern. Ein Lebensraum, der sich selbst überlassen oder nur extensiv* bewirtschaftet wird, ermöglicht das ungestörte Heranwachsen neuer Generationen und die Ausbildung komplexer Lebensgemeinschaften.

5. Sonstiges

Temperatur, Witterung, Gewässerqualität & andere Faktoren sind auch entscheidend dafür, ob sich eine Art in einem bestimmten Gebiet ansiedeln kann oder nicht.

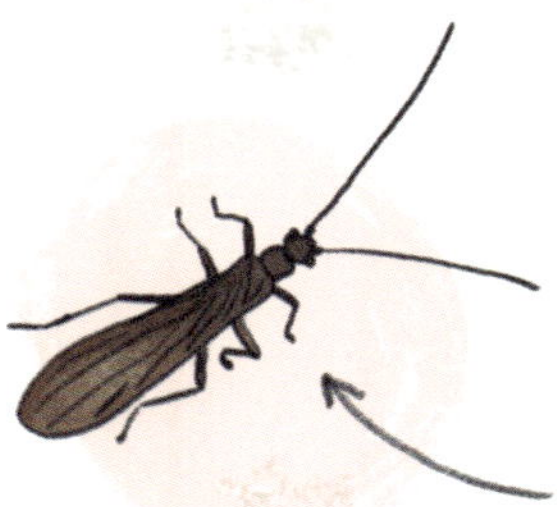

Die Larven verschiedener Steinfliegen-Arten z. B. stellen zum Teil sehr hohe Ansprüche an den Sauerstoffgehalt ihrer Heimatgewässer.

* geringer Eingriff in den Naturhaushalt, weniger Dünger, Maschineneinsatz, Pestizide etc.

Wo finde ich Insekten?

Je VIELSEITIGER und UNBERÜHRTER also die Landschaft, desto größer ist sehr wahrscheinlich auch die Anzahl der Arten, die sich dort erfolgreich ansiedeln kann. In einem NATURSCHUTZGEBIET beispielsweise können schätzungsweise 2.000 bis 3.000 verschiedene Insektenarten leben.

Für die Beobachtung in der freien Natur bieten sich außerdem ruhige und reich strukturierte Landstriche an. Ungenutzte Weiden, Obstwiesen, Sandmageräcker, Heckenstreifen, Magerwiesen und Co. sind gute Anlaufstellen.

Naturbelassene Feuchtgebiete und Gewässer zählen zu den HOTSPOTS der Artenvielfalt und sind lohnende Ausflugsziele. Waldränder und stillgelegte Steinbrüche sind ebenfalls einen Blick wert.

Auch unsere STÄDTE sind ein vielseitiger Lebensraum, den wir uns mit unzähligen Insektenarten teilen. Du kannst sie direkt vor deiner Haustür treffen und musst gar nicht viel dafür tun.

Eine Auffinde-Garantie für Insekten gibt es natürlich nicht. Andererseits ist es glücklicherweise immer noch sehr schwierig, draußen KEINE Insekten zu finden. Bei der Suche können wir uns an ihren Vorlieben orientieren. Einige bevorzugen offene Flächen. Andere leben auf Bäumen oder Büschen. Wieder andere kommen nur in Gewässernähe oder auf einer bestimmten Pflanze vor. Das ist sozusagen die KOMFORTZONE, die für jede Art als Wohnraum (Habitat) besonders attraktiv ist. Sie bietet alles: geeignete Nahrung, Schutz, Ruhe für adulte Tiere und ihre Nachkommen.

Ein großer, komplexer LEBENSRAUM wie die Stadt besteht aus vielen kleineren Komfortzonen mit zum Teil ganz unterschiedlicher Ausstattung:

BAUMBESTAND

Wald, Friedhof, Park, Garten ...

Ideal sind alte Baumbestände & Totholz, auch Baumsamen & Blätter locken Insekten an.

OFFENE GRÜNFLÄCHEN

Wiese, Flugfeld, Brache, Park, Garten ...

Hier suchen viele Arten nach Nahrung z. B. Nektar, Pollen oder Gräsern.

HECKEN & GEBÜSCHE

Wald, Friedhof, Park, Garten ...

Hier verbergen sich viele Insekten an Ästen & in der Laubstreu.

GEWÄSSER

See, Bach, Fluss, Brücken, Hafen ...

Die Kinderstube vieler Insekten: Larven findest du häufig im Wasser, adulte Tiere im Uferbereich.

Schau genau: Wo in deiner Umgebung gibt es unordentliche Ecken und wilde Fleckchen? Das ist deine erste Anlaufstelle in der Stadt. Dein Beobachtungsgebiet muss gar nicht groß sein. Im Umkreis von 10 Metern findest du an geeigneten Orten schon spannende Insekten in großer Zahl. Besuche deinen Beobachtungsplatz regelmäßig und lass die Insekten auf dich zukommen. Du kannst dir natürlich auch ein Bestimmungsbuch schnappen und mit den enthaltenen Informationen (z. B. über Futtervorlieben und Flugzeiten) gezielt nach bestimmten Insekten Ausschau halten. Oder du suchst nach Blütenpflanzen, die eine Vielzahl unterschiedlicher Tiere anlocken und beobachtest, wer sich dort so alles zum Futtern einfindet. Ein paar blühende Insektenmagnete findest du auf der nächsten Seite.

Buschwindröschen

Frühblüher wie diese sind überlebenswichtig für Insekten.

Krokusse

beliebter Treffpunkt, um Pollen & Nektar zu snacken

Schafgarbe

Praktisch: Die Farbe zeigt an, wo noch Nektar zu holen ist.

Lungenkraut

duftet in der Dämmerung und lockt Nachtfalter an

Nachtviole

wichtige Futterpflanze für viele Raupen & Schmetterlinge

Hornklee

Sein stark zuckerhaltiger Nektar steht bei sehr vielen Insekten hoch im Kurs.

Dost

Neben den bevorzugten AUFENTHALTSORTEN sorgt auch das zeitlich versetzte AUFTRETEN vieler Insekten für ordentlich Abwechslung in deinem Beobachtungsalltag. Perfekte Voraussetzungen hast du an sonnigen und windstillen Tagen, aber Beobachtungen lassen sich fast immer machen, sogar im Schnee! Hier folgt eine kleine Auflistung, wann du nach welchen „Saisonfliegern" Ausschau halten kannst:

Wann sind welche Insekten unterwegs?

Eine Auswahl:

Januar

In der klirrenden Kälte der Wintermonate halten sich viele Insekten an geschützten Orten verborgen. In Stengeln, an Gebäuden, unter der Erde oder tief vergraben im toten Holz schlummern sie dem Frühling entgegen. Aber einigen Hartgesottenen macht die Kälte wenig aus. Sie tummeln sich sogar auf Schneedecken. Besonders gut sind deine Beobachtungschancen bei Tauwetter und leichtem

Februar

Nebel. Dann kannst du mit etwas Glück, z. B. auf Waldwegen oder in Bachnähe, Steinfliegen, Felsenspringer, Schneefliegen, Schneemücken und Springschwänze beobachten. Viele dieser Tiere sind nur wenige Millimeter groß, fallen auf weißem Schnee aber schnell ins Auge.

Bei milder Witterung erwachen bereits im Februar die ersten Hummelköniginnen aus ihrem Winterschlaf.

März

Hat hier jemand Frühlingserwachen gesagt? Die Männchen des Zitronenfalters machen meist den Anfang. Je nach Region und Witterung kannst du aber auch schon einige Bienen, weitere Falter wie Admiral, Kleiner und Großer Fuchs, Tagpfauenauge oder Landkärtchen durch die Lüfte flattern sehen.

Am Boden wirst du vielleicht den ein oder anderen Laufkäfer zu Gesicht bekommen. Marienkäfer kommen hervor. Sogar Feuerwanzen sieht man ab und an in den ersten Strahlen der Frühlingssonne baden. Ist es warm genug, macht sich auch die blaue Holzbiene auf den Weg, um ein neues Nest anzulegen.

April

Ab Anfang März bis in den Mai fliegt die Märzfliege in auffälligen Schwärmen aus. Wenn im April die Obstbäume anfangen zu blühen, lohnt sich ein Abstecher auf die nächste Fallobstwiese. Dort finden sich viele Bestäuber ein. Zu den Faltern gesellen sich unter anderem erste Bläulinge, Schwalbenschwänze und Perlmuttfalter.

Der Goldglänzende Rosenkäfer beehrt ab jetzt unsere Gärten mit seiner schimmernden Pracht. Und auch Schwebfliegen sind schon unterwegs.

Mai

Bald kommt die Insektenwelt so richtig in Fahrt. Ab Ende April kannst du Maikäfer beobachten. Der auffällige Ölkäfer hat jetzt Saison und auch die ersten Libellen zischen durch die Lüfte.

Bei den Heuschrecken macht die Feldgrille den Anfang. Raupen, Käfer und Wanzen tummeln sich auf Wiesen und Büschen. Auch weitere Hautflügler wie Wildbienen und verschiedene Wespen treibt es um.

Juni

Junikäfer schwirren jetzt in großen Schwärmen durch die Dämmerung.

Juli

Auffällig sind im Frühsommer auch die Raupen verschiedener Gespinstmotten, die in Massen zusammenleben und mit ihrem Gespinst die ganze Futterpflanze bedecken können.

Auf die Junikäferschwärme folgen die kleineren Julikäfer. Sie werden nach Einbruch der Dunkelheit von liebestollen Leuchtkäfern abgelöst.

Frühsommer ist Paarungszeit für die hübschen Spargelhähnchen.

In den Sommermonaten haben endlich auch die Libellen Hochsaison.

August

Die erste Generation des ungewöhnlich geformten C-Falters fliegt bei uns im Juni/Juli, die zweite ab August. Auch die Puppenruhe vieler anderer Falter endet im Frühsommer-Sommer, sodass bereits ab Ende Juni die erste Generation des Jahres beobachtet werden kann.

Fliegen, Mücken, Zikaden, Ameisen, Wanzen, Käfer ... überall wimmelt und wuselt es im August.

Spätsommer ist Wespenzeit. Etwa Mitte August sind die Völker der sozialen Wespen auf ihrem Höchststand. Hektisch fliegen die adulten Tiere durch die Gegend und reißen sich alles unter den Nagel – pardon – die Flügel, was sie an ihre Larven verfüttern können. Hornissen sind da irgendwie unauffälliger. Im August und September schlüpfen dann die Geschlechtstiere.

September

Von August bis Oktober kannst du übrigens auch fertig entwickelte, adulte Heuschrecken in großer Zahl bewundern.

Oktober

Ausgewachsene Hornissen, Wespen und Co. sind zu dieser Jahreszeit häufige Gäste auf Fallobstwiesen, Weinbergen und überall dort, wo es Obstsäfte und andere zuckrige Leckereien gibt.

Ist der Herbst warm und sonnig, können einzelne Falter und Libellen bis in den November hinein beobachtet werden, unter anderem die Blaugrüne Mosaikjunger oder die Große Heidelibelle.

November

Im Herbst schlüpft eine geflügelte Generation der Buchenblattläuse. Die kleinen Tierchen trudeln durch die Lüfte und fallen aufgrund ihrer leuchtend hellblauen Farbe und ihrer weißen Puschelpopos auf.

In Hausnähe kannst du jetzt häufiger Skorpionsfliegen, Florfliegen, Wanzen, Ohrwürmer und viele Klein- bis Kleinstinsekten treffen.

Dezember

Sonnige Wintertage können Admiral, Tagpfauenauge und Zitronenfalter aus ihrer Winterruhe locken. Diese Störung bekommt den Tieren meist nicht besonders gut.

Einige Winterarten kannst du auch jetzt noch draußen antreffen. Im Großen und Ganzen kehrt aber mit den ersten anhaltenden Frösten Ruhe ein in der Insektenwelt. Wer keine Nahrung mehr findet, stirbt oder überwintert gut geschützt im Verborgenen.

Und in wenigen Wochen schon machen sich die ersten Frühlingsboten wieder auf den Weg und legen den Grundstein für die nächste Generation. Dann beginnt ein neues Insektenjahr voller unverhoffter Treffen und aufregender Entdeckungen.

Kuriose Krabbeltiere: Insekten sind Verwandlungskünstler

Bei etwa 75 % der uns bekannten Insekten sehen die Jungtiere komplett anders aus als die ausgewachsenen Insekten, sie fressen anderes Futter und besiedeln häufig auch ganz andere Lebensräume. Das ist praktisch, denn so kommen sich die verschiedenen Generationen bei der Futtersuche nicht in die Quere. Die Verwandlung zum erwachsenen, geschlechtsreifen Tier (Imago) heißt METAMORPHOSE. Sie kann vollständig oder schrittweise erfolgen.

Vollständige Metamorphose [Holometabolie]

Jugendstadien und Imago unterscheiden sich stark. Dazwischen liegt ein Puppenstadium.

Eier

Larve

ist hauptsächlich mit Fressen & wachsen beschäftigt; häutet sich einige Male bevor sie sich verpuppt

Puppe

aka „Suppenstadium": Die Larve löst sich bis auf einige wenige Zellen in ihren eigenen Verdauungssäften auf. Aus diesen Zellen entsteht ein völlig neues, erwachsenes Tier.

Imago

ist für die Fortpflanzung verantwortlich & lebt oft deutlich kürzer als die Larven

Unvollständige Metamorphose [Hemimetabolie]

Jugendstadien und Imago unterscheiden sich meist wenig. Wichtig: Hier gibt es KEIN Puppenstadium.

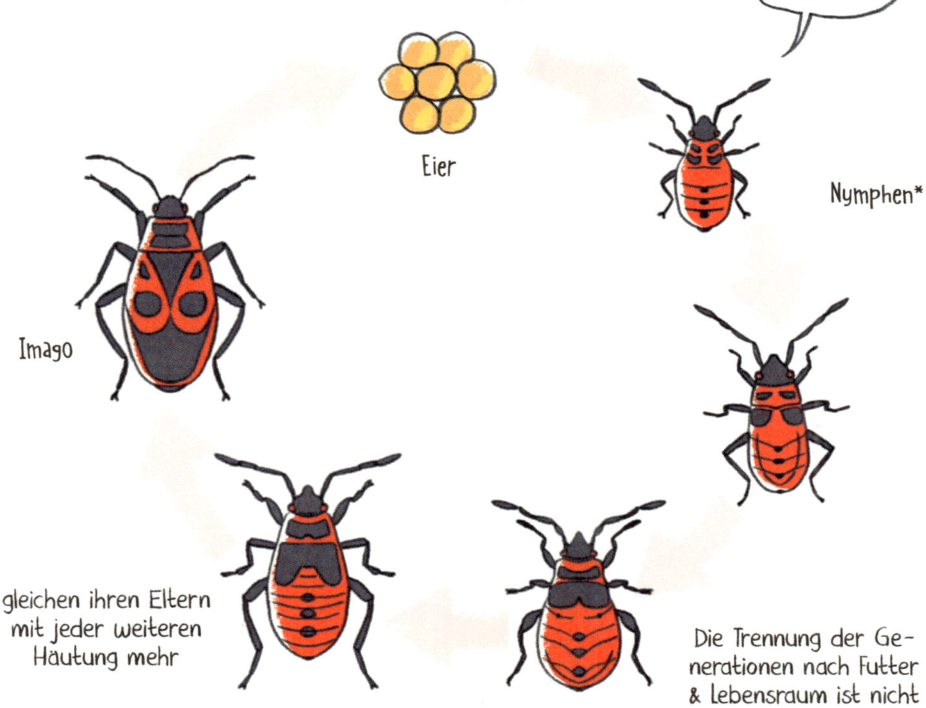

* NYMPHEN sind die Jugendstadien der Hemimetabolen. Besitzen diese allerdings eigenständige Organe, wie z. B. Kiemen bei den Libellen, heißen sie Larven, obwohl sie NICHT holometabol sind ...

Zu den holometabolen Insekten zählen unter anderem:

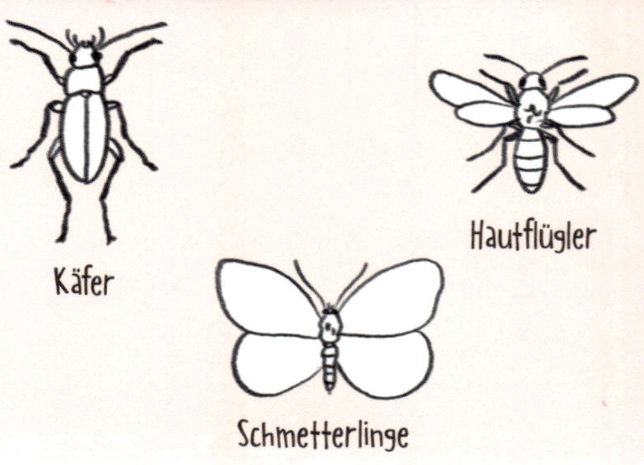

Zu den hemimetabolen Insekten zählen unter anderem:

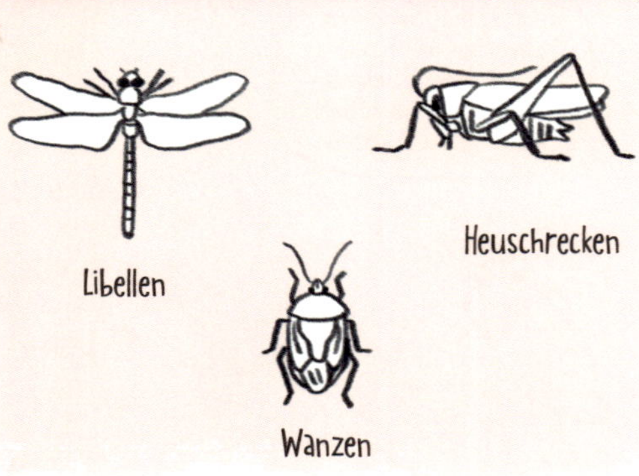

Kuriose Krabbeltiere: Kinderstube des Grauens

Insektenlarven sehen also häufig komplett anders aus als die erwachsenen Tiere. Sie kennen außerdem nur einen Zweck im Leben: Fressen. Ihren gewaltigen Appetit stillen sie mit frischen Blättern, erbeuteten Insekten, Aas, verrottenden Materialien ... Erlaubt ist, was funktioniert. Die Natur hat ganze Arbeit geleistet und viele ebenso schaurig-schöne wie faszinierende Anpassungen und Strategien hervorgebracht:

1. Libellenlarven – die maskierten Fressmaschinen

Der Stoff, aus dem Horrorfilme gemacht sind: Die Unterlippe der Libellenlarven ist zu einer ausklappbaren Fangmaske umgebildet, die blitzschnell zuschnappen kann. Da hat die Beute nicht den Hauch einer Chance.

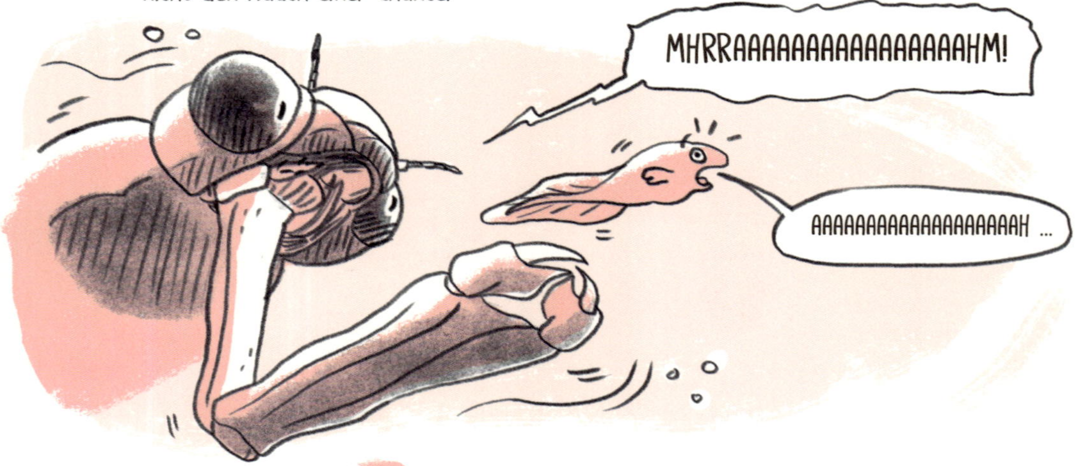

2. Der Bienenwolf – von innen schmeckt's besser

Diese Grabwespe legt ihre Eier in Bienen ab. Die Larve frisst sich dann langsam durch das gelähmte Opfer, wobei die lebenserhaltenden Organe erst ganz zum Schluss verspeist werden.

3. Der Ameisenlöwe – Tod aus dem Untergrund

Bevor die Ameisenjungfer als zartes, libellengleiches Wesen durch die Lüfte schwebt, frisst sie als zangenbewehrte Sandbewohnerin alles, was sie vom Rand ihrer Grube schießen kann.

4. Die Marienkäfer-Brackwespe – Gehirnwäsche per Virus

Erst futtert sich die Wespenlarve an den Fettreserven im Käfer dick und rund, dann verlässt sie den Wirt. Vorher legt sie ihn mit einem Virus lahm. Der Käfer ist jetzt nur noch in der Lage gelegentlich zu zucken und dient der verpuppten Larve als lebendiges Schutzschild.

Kuriose Krabbeltiere: Schillern wie ein Regenbogen

Insekten schimmern, schillern, irisieren bisweilen in den tollsten Farben. Und viele von ihnen bekommen das ganz ohne Färbestoffe (Pigmente) hin. Wie das geht? Naja ...

Das „Zauberwort" heißt INTERFERENZ*. Die entsteht immer dort, wo Lichtwellen auf dünne, durchscheinende Schichten treffen. Du kennst das von Seifenblasen:

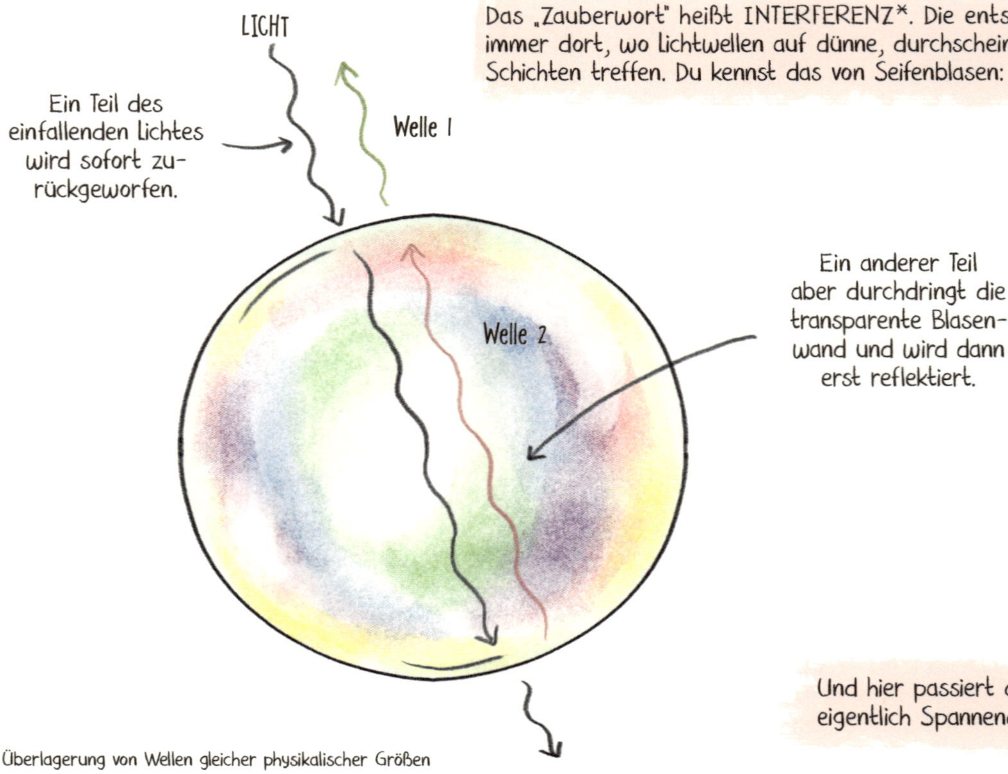

Und hier passiert das eigentlich Spannende!

* Überlagerung von Wellen gleicher physikalischer Größen

Auf dem Rückweg ÜBERLAGERN sich die beiden Lichtwellen. Meist sind sie dabei leicht gegeneinander „VERSCHOBEN". Das führt dazu, dass bestimmte Lichtanteile verstärkt oder ausgelöscht werden. Welche Farbe dabei am Ende rauskommt, hängt dann zum Teil von der Dicke der Schicht ab.

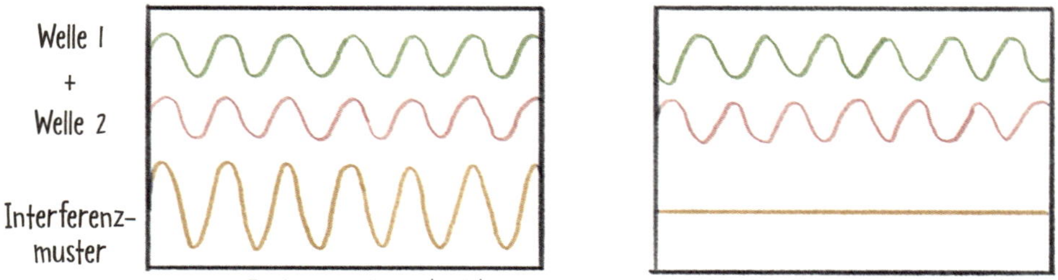

Die Farbe wird verstärkt. Die Farbe wird ausgelöscht.

Das gleiche passiert auch, wenn das Licht mit Strukturen in Berührung kommt, die KLEINER als seine Wellenlänge sind (also RICHTIG klein). Und genau solche Nanostrukturen finden wir in der Natur beispielsweise auf Schmetterlingsflügeln und Käferpanzern. Dort gibt es unter anderem:

Schuppen mit Rippen

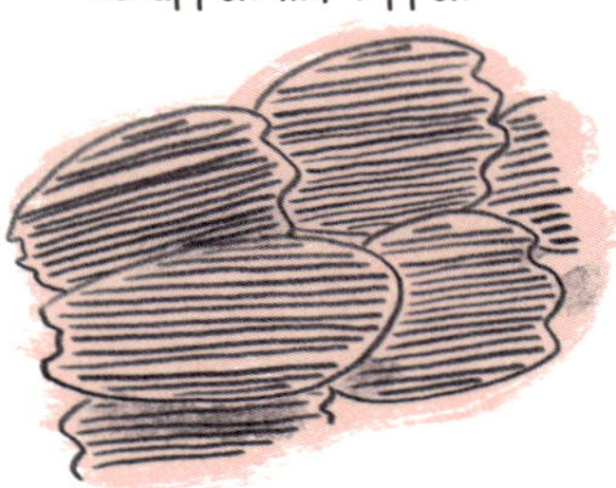

ca. 200 Mikrometer

Gitter

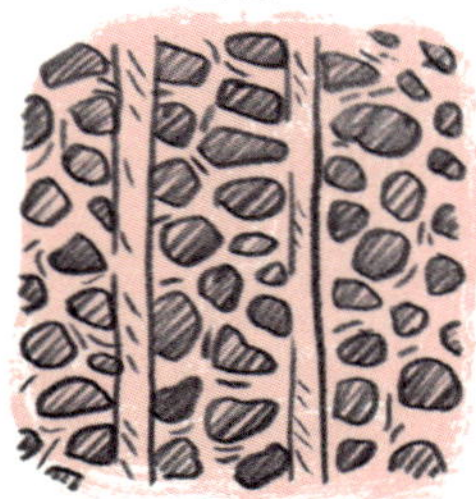

ca. 500 Nanometer

Stäbchen

ca. 100 Nanometer

Kuhlen

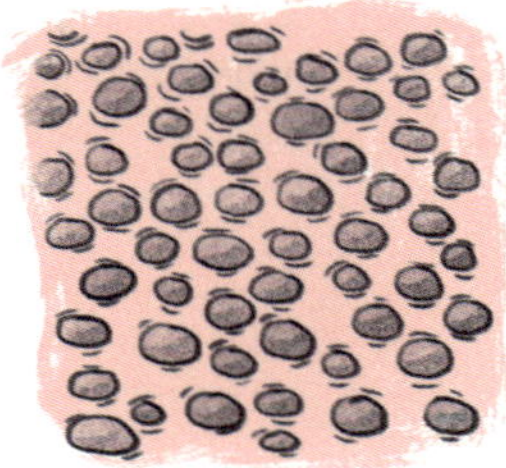

ca. 500 Nanometer

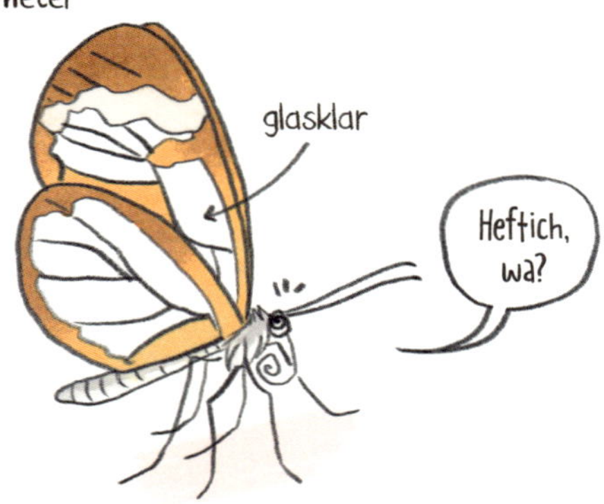

Sie beeinflussen das Licht und lassen uns Farben sehen, wo eigentlich keine sind. Glasflügel-Schmetterlinge drehen den Spieß um: Dank der Nanostrukturen auf ihren Flügeln reflektieren diese fast kein Licht. So werden die Tiere für Fressfeinde schwerer zu erfassen.

Augen auf & hingeschaut

Was ist das eigentlich genau, ein Insekt?

In der Biologie gibt es auf diese Frage glücklicherweise eine ziemlich eindeutige Antwort: Alles, was einen klar in DREI TEILE gegliederten Körper und SECHS BEINE an der BRUST hat, nennen wir Insekt. Also, grob gesagt. Viele Insekten haben dazu noch vier oder zwei Flügel. Das ist der Grundbauplan, von dem es in der Insektenwelt unzählige Variationen zu bestaunen gibt. Geschützt sind Insekten durch eine harte äußere Hülle (Exoskelett) aus Chitin und Sklerotin. Anhand dieser übersichtlichen Merkmale bist du schon in der Lage eine erste Unterteilung vorzunehmen.

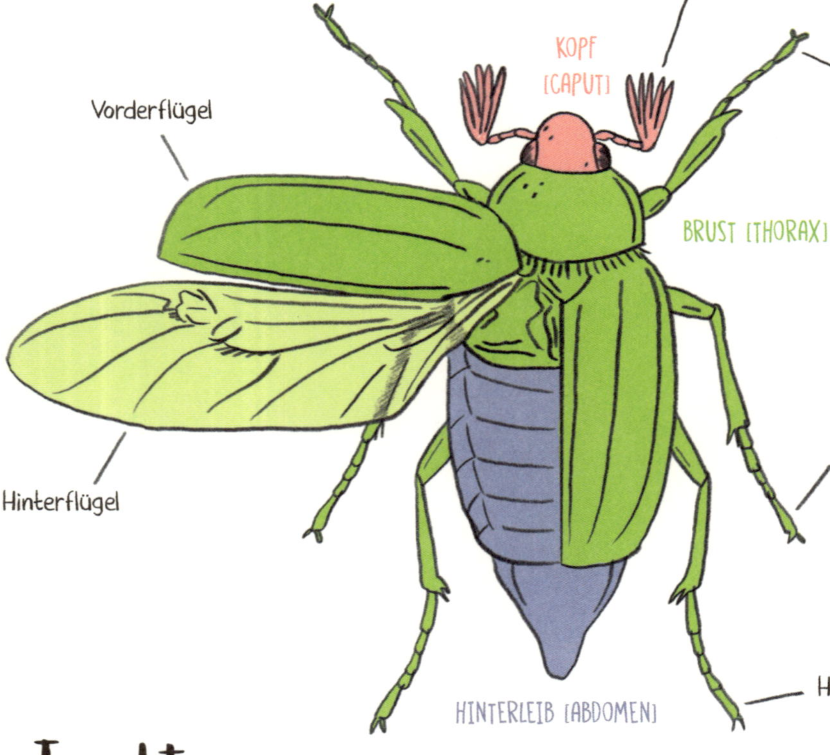

Insekt

Du kannst zum Beispiel begründen, warum diese Kollegen hier **keine Insekten** sind!

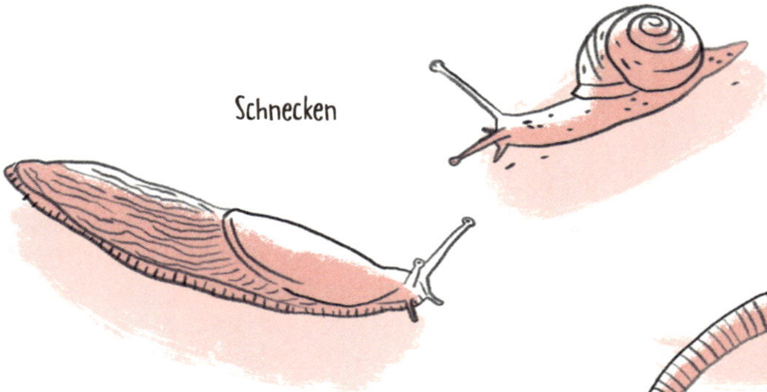

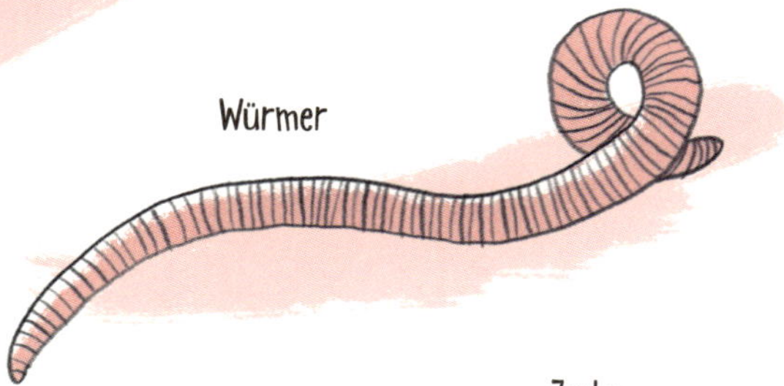

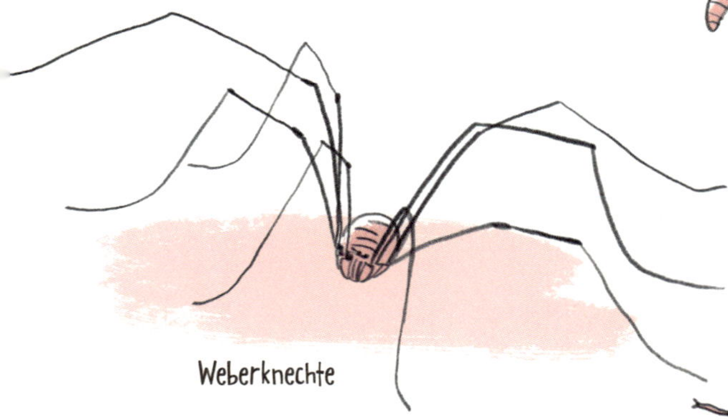

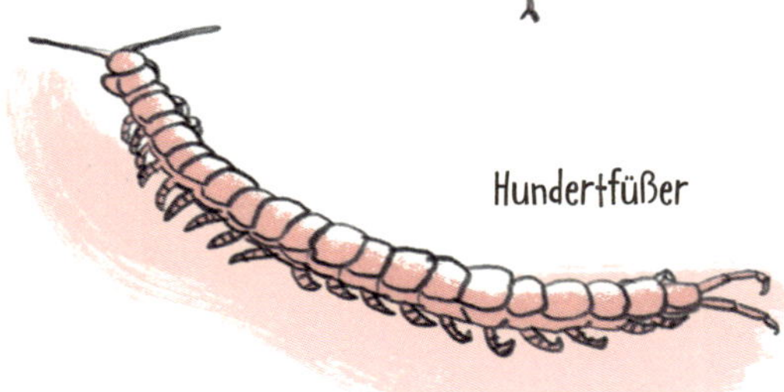

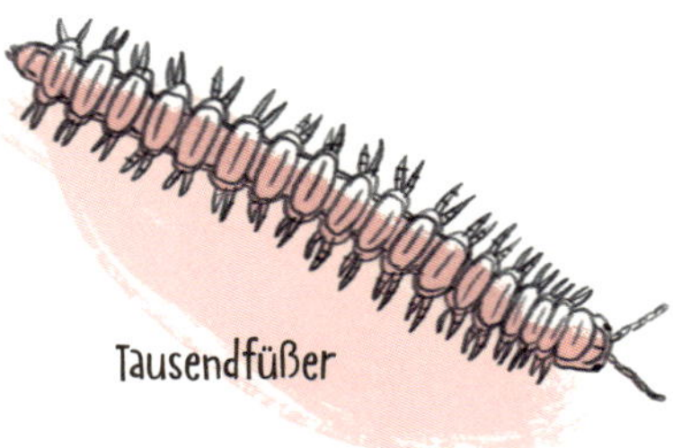

Die kannst du also alle getrost ignorieren. Damit ist schon mal die erste Hürde genommen. Insekten zu ERKENNEN sollte also mit ein wenig Übung gut gelingen. Dann können wir ja gleich zum nächsten Punkt übergehen: Insekten voneinander zu UNTERSCHEIDEN.

Insekten unter sich
Die [er]kennst du bald!

Diese Insektengruppen werden wir uns im Folgenden genauer anschauen. Dabei konzentrieren wir uns auf charakteristische körperliche Merkmale, die du in freier Wildbahn leicht wiedererkennen und vergleichen kannst. Am Ende dieses Abschnitts weißt du, woran du zum Beispiel eine Biene von einer Schwebfliege unterscheiden kannst. Dieses Wissen kannst du dann später nach Belieben vertiefen.

Libellen

Ohrwürmer

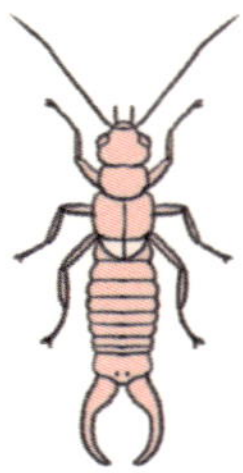

Schaben

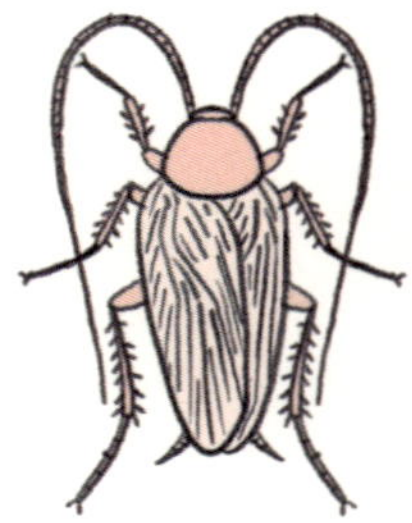

Heuschrecken

Wanzen

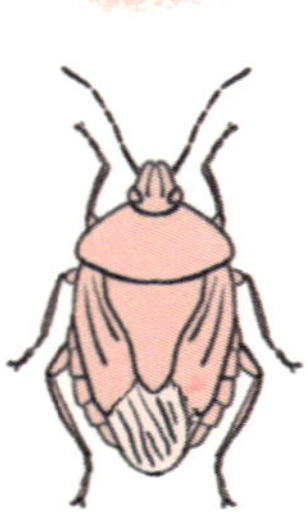

Zikaden

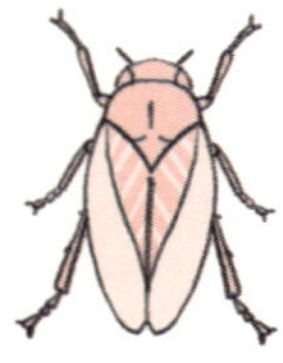

Käfer

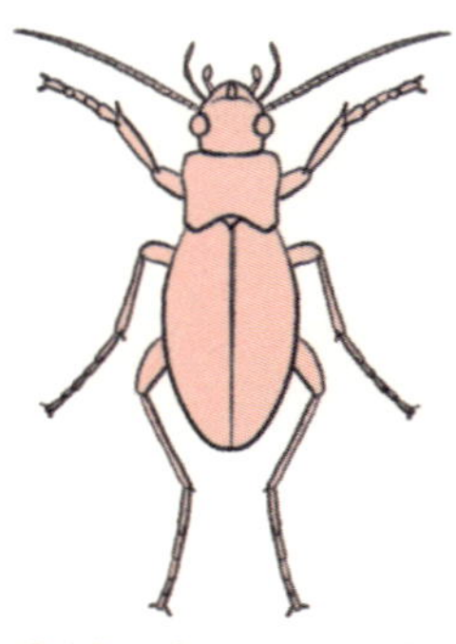

Zweiflügler

Hautflügler

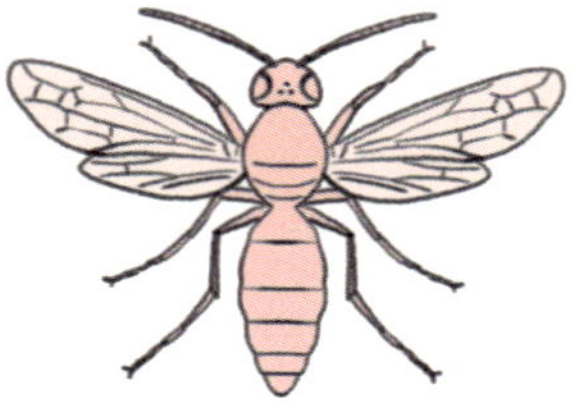

Schmetterlinge

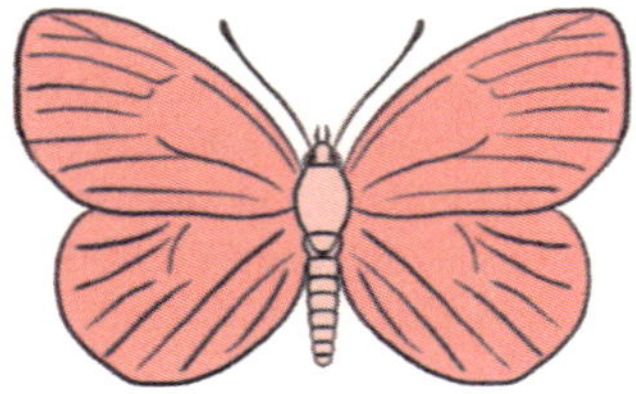

Fangschrecken

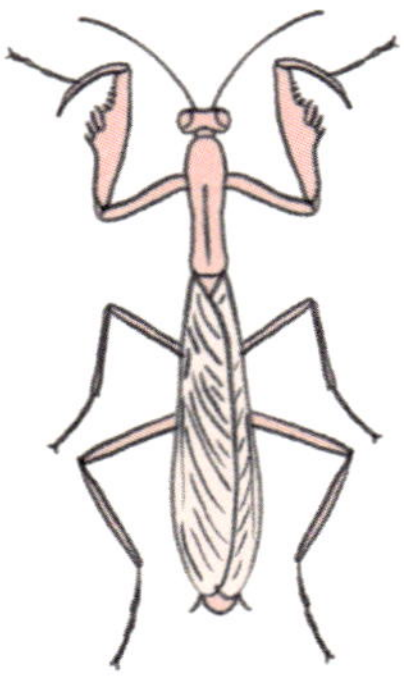

Schnabelfliegen

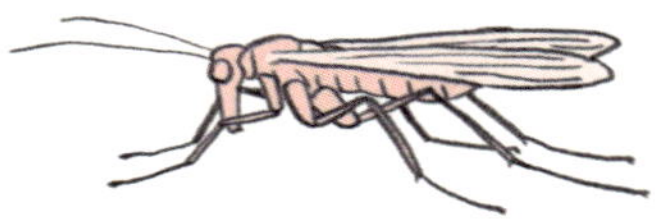

Fischchen

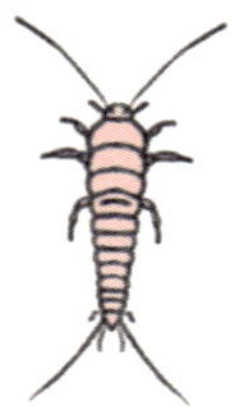

Steinfliegen

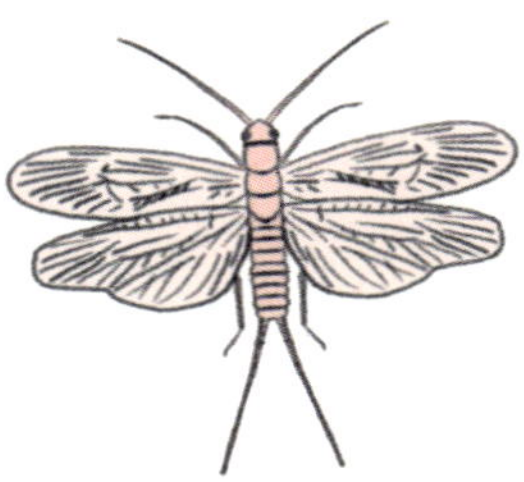

Eintagsfliegen

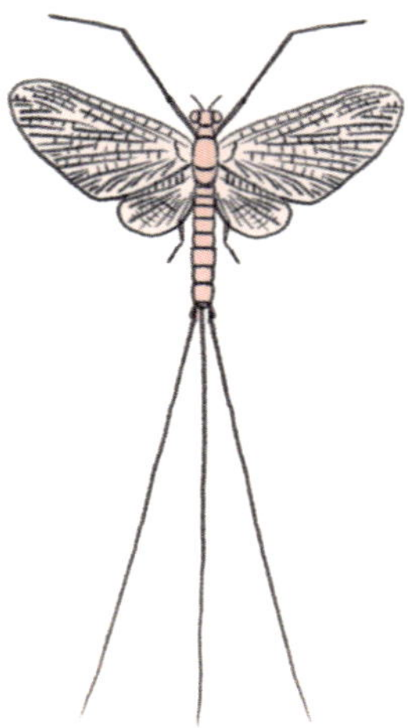

Netzflügler

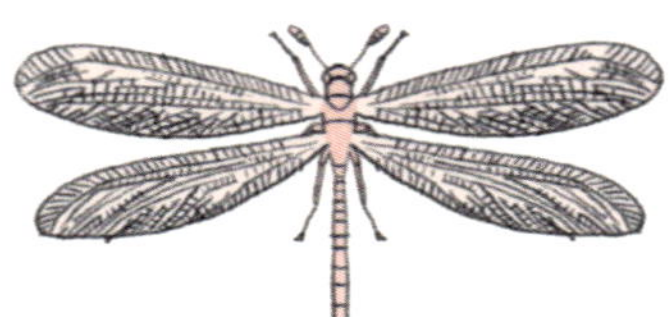

Köcherfliegen

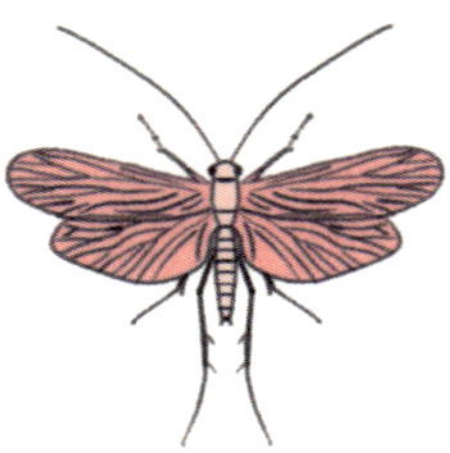

Exkurs: Biologie, aber mit System!

Systematik ist ein Fachbereich der Biologie und dient neben der EINTEILUNG von Lebewesen auch zu ihrer eindeutigen BENENNUNG und zweifelsfreien IDENTIFIZIERUNG. Tiere mit einheitlichem Körperbau werden zum Beispiel zu Tierstämmen zusammengefasst. Diese Stämme werden dann mit zunehmender Ähnlichkeit immer weiter unterteilt, bis man schließlich bei der Grundeinheit der biologischen Systematik angekommen ist: der Art. Das soll für eine übersichtliche Anordnung sorgen. Bei einer so großen Gruppe wie den Insekten gibt es zahlreiche Ebenen. Nicht selten ist deren Benennung und Zuordnung in manchen Bereichen unter Fachleuten umstritten oder noch nicht vollständig geklärt.

Da es außerdem immer wieder vorkommt, dass die Systematik einzelner Gruppen aufgrund neuer Erkenntnisse (z. B. aus der Molekularbiologie) angepasst werden muss, ist sie immer eine aktuelle MOMENTAUFNAHME all dessen, was wir über stammesgeschichtliche Entwicklung (kurz gesagt: von der Urzeit bis heute) und Verwandschaftsverhältnisse von Organismen wissen.

Aber keine Panik: Wir werden uns der Übersichtlichkeit halber im Folgenden hauptsächlich mit INSEKTENORDNUNGEN beschäftigen und alle anderen Ebenen darüber und darunter großzügig ausklammern.

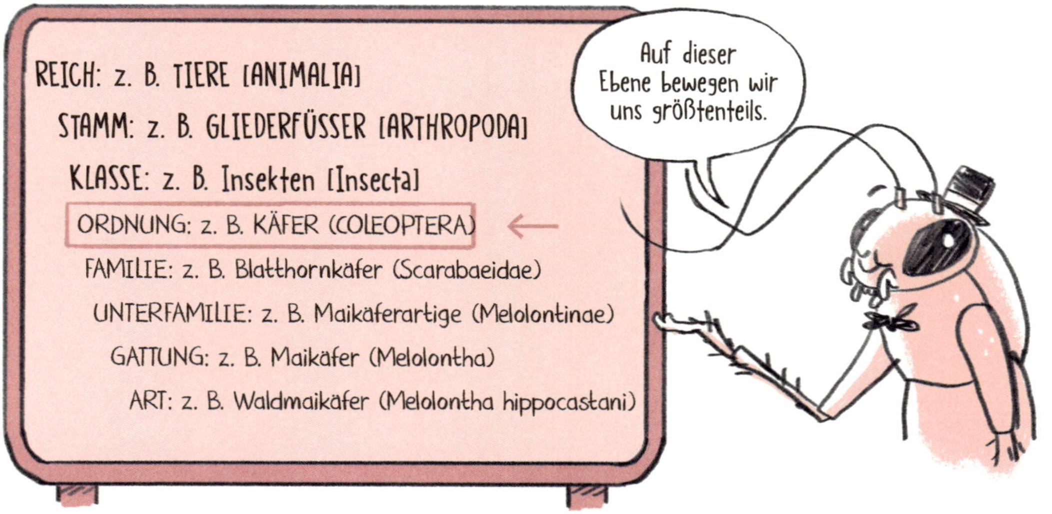

Um welche Ordnungen wird es gehen?

Im folgenden Buchabschnitt stelle ich 17 Insektenordnungen vor, die ich als einsteigerfreundlich bezeichnen würde. Was bedeutet das genau? Vertreter dieser Ordnungen kannst du in der Regel mit dem bloßen Auge beobachten. Du findest sie in ausreichender Zahl, in vielen unterschiedlichen Lebensräumen und kannst mit der Suche direkt loslegen. Sehr kleine, verborgen lebende, seltene oder anderweitig schwierig zugängliche Ordnungen klammere ich aus. Zu jeder vorgestellten Ordnung habe ich eine kleine aber feine Auswahl an Arten zusammengestellt. Es wäre ziemlich vermessen, eine auch nur ansatzweise allgemeingültige Auswahl treffen zu wollen. Das hier ist wirklich immer nur ein winzig-winzigkleiner Ausschnitt - ein Appetitanreger in Insektenform, beziehungsweise meine persönlichen Must-Sees der Insektenwelt.

Wie ist dieser Abschnitt aufgebaut?

Wir beginnen mit den Ordnungen, die du ziemlich sicher aus dem Alltag kennst und die sehr leicht abzugrenzen sind. Zu jeder Ordnung gibt es einen kurzen Steckbrief (Was erkennst du auf einen Blick?) und spannende Wissenshappen.

Was kannst DU damit anfangen?

Dieses Buch ersetzt keinen Insektenführer und kein Bestimmungsbuch. Nutze es stattdessen als deine Eintrittskarte in die Insektenwelt, als eine Chance, Insekten ganz unverbindlich und in einem übersichtlichen Rahmen kennenzulernen. Viel Spaß!

So erkennst du Schmetterlinge [Lepidoptera]

Schmetterlinge haben vieles, aber ganz sicher KEIN Imageproblem. Es ist ja auch einfach zu schön anzusehen, wie sie bunt schillernd durch die Lüfte gaukeln oder elegant am Blütennektar nippen. Die flüchtigen Begegnungen mit diesen so zerbrechlich wirkenden Kunstwerken der Natur laden regelrecht zum sehnsuchtsvollen Hinterherschmachten ein, oder nicht?

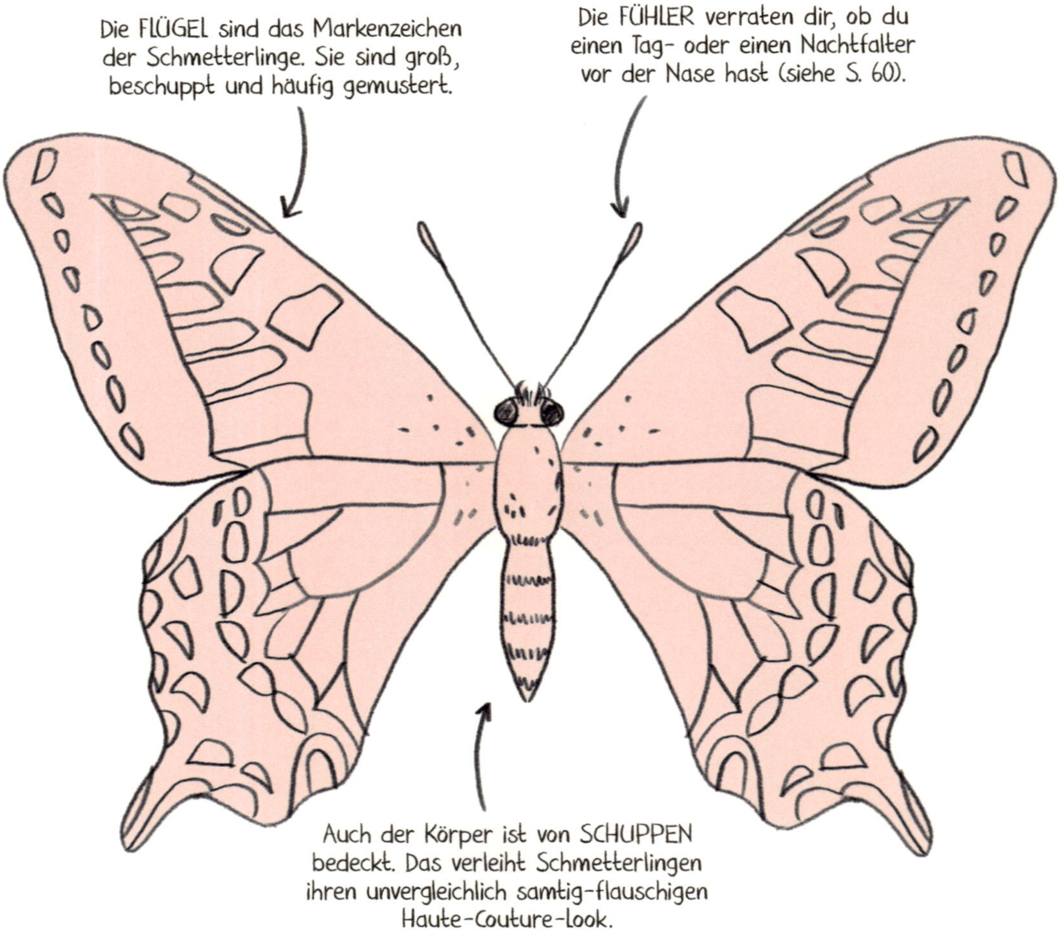

Bei uns in Mitteleuropa leben etwa 3.600 Arten.

Drei Schmetterlings-Fakten To Go

Schmetterlinge sind holometabol*. Ihre walzenförmigen Larven kennen wir als Raupen. Auch sie sind oft auffällig geformt und gefärbt, tragen Haare, Borsten und andere exzentrische Accessoires.

Schmetterlinge lieben Blüten? Aber nicht nur! Viele Arten fliegen auf den Duft von Kot, Aas, verdorbenem Fleisch, Schweiß, Benzin oder fies stinkendem Käse und lassen sich damit auch anlocken. Mahlzeit!

Fledermäuse hassen diesen Trick: Manche Schmetterlinge können die Echoortung von Fledermäusen wahrnehmen und sie sogar durch eigene Ultraschalllaute stören.

* Holo-was? Siehe S. 46

So unterscheidest du Tag- und Nachtfalter

Tagfalter fliegen am Tag, Nachtfalter in der Nacht. Außerdem sind alle Nachtfalter Motten. So einfach ist das. Spoiler: nicht ganz. Rund ein Viertel der knapp 1.200 Nachtfalter, die bei uns unterwegs sind, sind tagaktiv. Tatsächlich gibt es in Mitteleuropa MEHR TAGAKTIVE NACHTFALTER als Tagfalter! Wie sinnvoll ist diese Einteilung dann überhaupt? Kategorien wie Klein- und Großschmetterlinge sowie Nachtfalter sind wissenschaftlich nicht mehr haltbar. Sie haben aber immer noch praktischen Nutzen, z. B. im Hinblick darauf, wie Fachleute die Tiere untersuchen oder schlicht, um bei der Beobachtung die Anzahl in Frage kommender Arten oder Familien vorab etwas einzugrenzen.

Tagfalter [in DE ca. 184 Arten]

u. a. Falter, Weißlinge, Bläulinge ...

Oder soll man es lassen?

Nachtfalter [in DE ca. 1.255 Arten]

u. a. Bären, Eulen, Spinner, Spanner ...

Tagfalter-Fühler

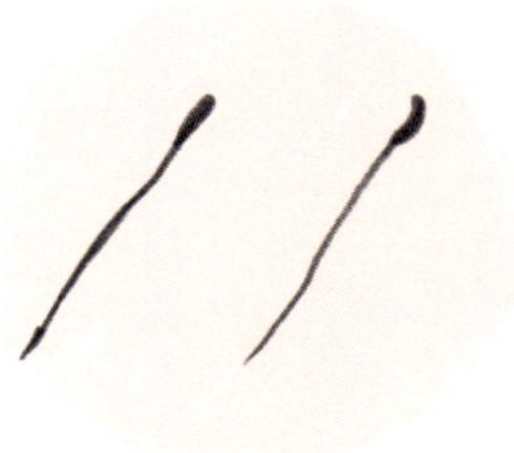

Nachtfalter-Fühler

Die FÜHLER sind hier sehr vielfältig, z. B. fadenförmig, gefiedert, gekeult (dann aber deutlich dicker als bei Tagfaltern).

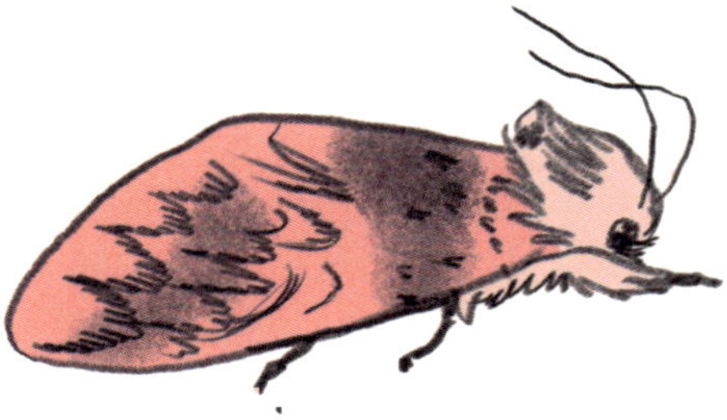

FLÜGEL in Ruhe flach ausgebreitet oder dachförmig zusammengelegt

Kleinschmetterlinge [in DE ca. 2.150 Arten]

sind u. a. Wickler, Zünzler, Widderchen ... und auch die echten MOTTEN, eine Schmetterlingsfamilie, die ca. 70 Arten umfasst. Sie werden in vielen Bestimmungsbüchern getrennt von den anderen beiden aufgeführt.

Schau doch einmal beim nächsten Spaziergang, wie viele „Nachtfalter" du bei Tag entdecken kannst.

Dürfen wir uns vorstellen?

auffällige blau-schillernde Augen-flecken

als Raupe mäkliger Esser (mag nur Brennnesseln), als Falter flexibel (schlürft gerne Nektar und Obst-säfte an etwa 200 Pflanzenarten)

Tagpfauenauge – Aglais io

♀ mit Punkten
♂ ohne Punkte

Die Raupen sind dank einer strengen Diät (verschiedene Kohlsorten, Kapuzinerkresse & andere Kreuzblütler) für Vögel ungenießbar.

Großer Kohlweißling – Pieris brassicae

♂ leuchtend gelb
♀ weißlich-grün

hat Frostschutzmittel im Körper & hält daher ganz entspannt Temperaturen bis – 20°C aus

Zitronenfalter – Gonepteryx rhamni

Schmetterlinge [Lepidoptera]

Gammaeule - Autographa gamma

Russischer Bär - Euplagia quadripunctaria

Nessel-Schnabeleule - Hypena proboscidalis

* Siehe Seite 126

So erkennst du Libellen [Odonata]

Libellen sind die tödlich-schnittige Version der Schmetterlinge. Alles an ihnen ist darauf ausgerichtet, Beutetiere direkt und präzise aus der Luft zu schnatzen. Ihre Körper sind oft auffällig gefärbt. Meistens sieht man sie nur schnell irgendwo vorbeiflitzen, also Augen auf! Libellen sind wichtige Zeigerorganismen für die Qualität von Feuchtgebieten und Gewässern. Sie stehen in Deutschland unter besonderem Artenschutz.

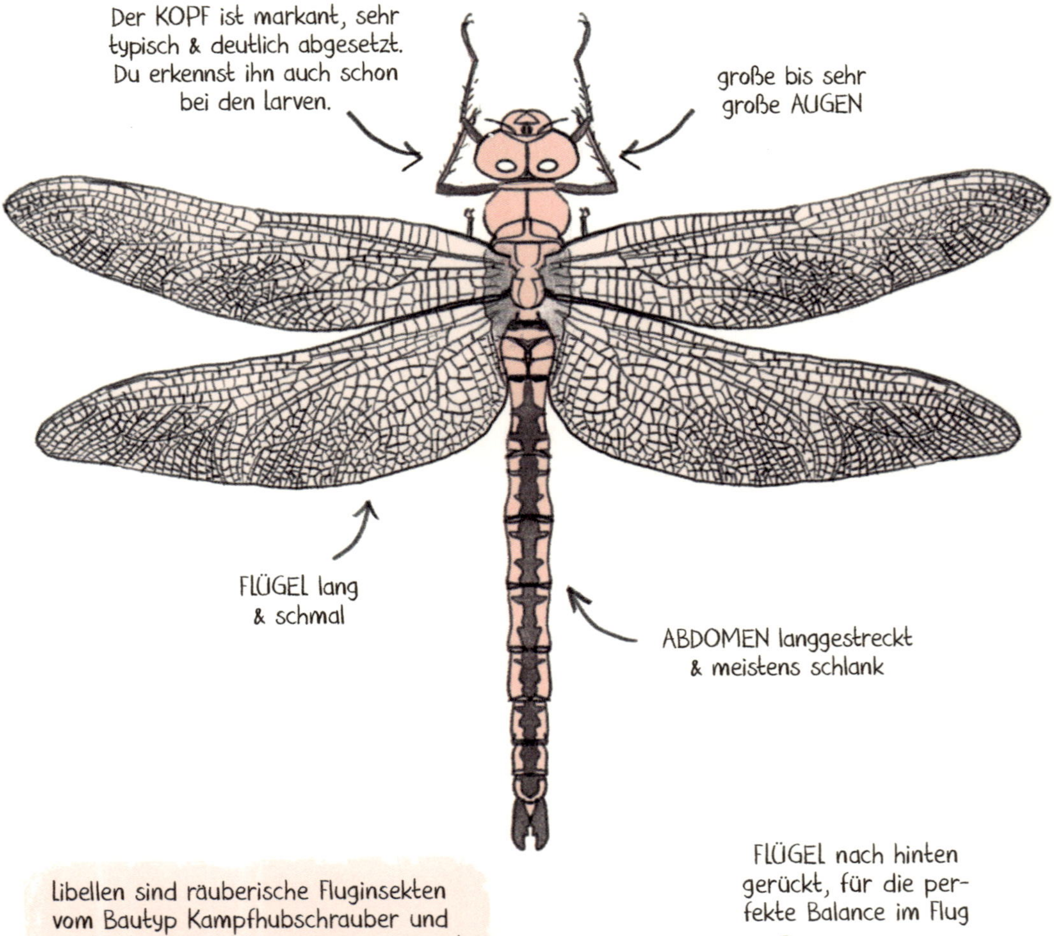

Libellen sind räuberische Fluginsekten vom Bautyp Kampfhubschrauber und perfekt an diese Lebensweise angepasst:

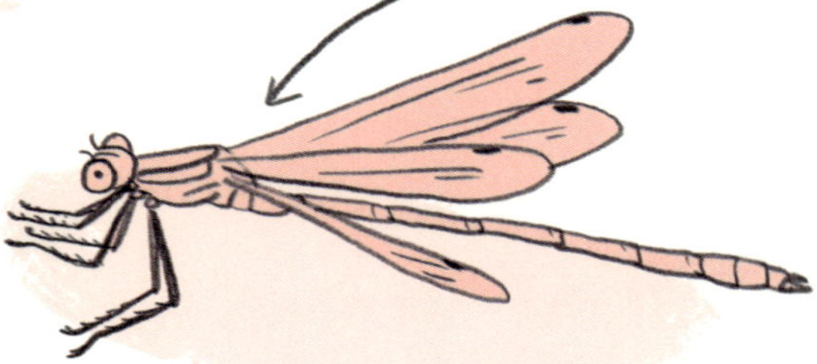

Bei uns in Mitteleuropa leben etwa 80 Arten.

Kleinlibellen [Zygoptera]

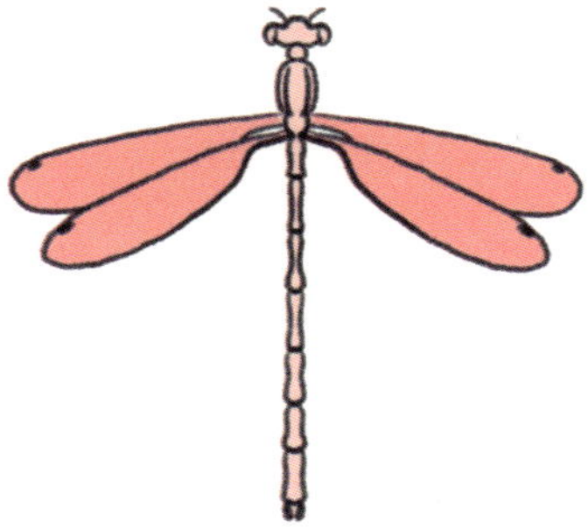

FLÜGEL gleich, können zusammengelegt werden

Typ Hammerhai

großer Abstand zwischen den AUGEN

Großlibellen [Anisoptera]

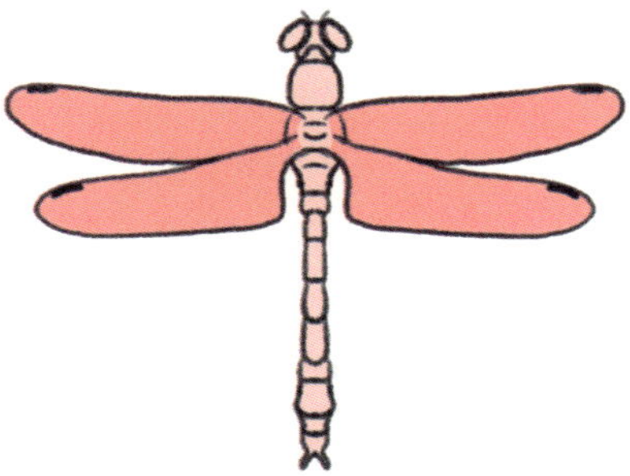

FLÜGEL ungleich, können nicht zusammengelegt werden

Typ Skibrille

wenig bis kein Abstand zwischen den AUGEN

„liebevoller" Nackengriff

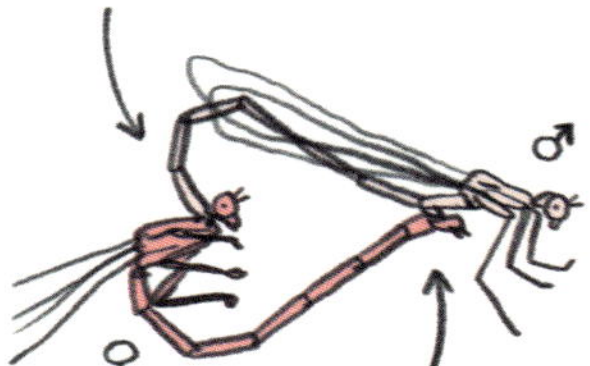

sexy time

Drei Libellen-Fakten To Go

Libellen sind Hemimetabole*. Ihre Larven leben im Wasser und das je nach Art bis zu 7 Jahre lang. Sie sind auf saubere, naturbelassene Gewässer angewiesen. Geeignete Lebensräume schwinden aber stetig.

Herzige Angelegenheit: Zur Paarung bilden Libellen ein Paarungs-Rad oder Paarungs-Herz. Erst durch diese Position ist es den Tieren möglich, ihre Geschlechtsorgane erfolgreich zusammenzubringen.

Hast du schon einmal Libellen gesehen, die gemeinsam in einer Art Tandem-Stellung durch die Luft fliegen? Glückwunsch, dann hast du gerade ein werdendes „Elternpaar" beobachtet.

* Hemi-wie? Siehe S. 46

Dürfen wir uns vorstellen?

♂ mit Flügelbinde, viele Blauschattierungen möglich

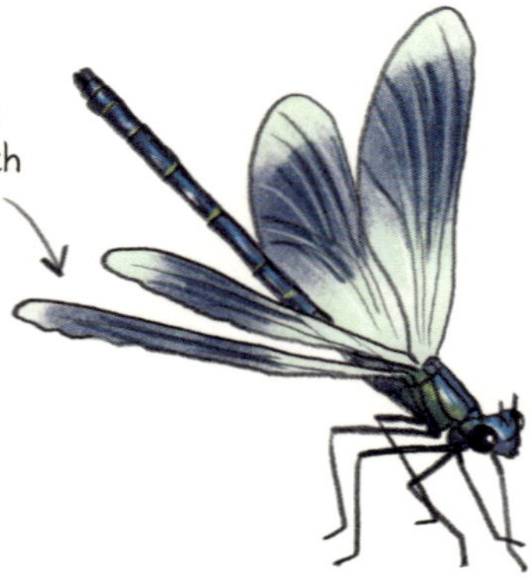

Eine unserer größten Kleinlibellen überzeugt im Metallic-Look: ♂ schillernd blaugrün, ♀ grün-bronzefarben.

Gebänderte Prachtlibelle - Calopteryx splendens

Meist sind nur die ♂ so blitzeblau und die ♀ grün-bräunlich, aber es gibt auch Ausnahmen.

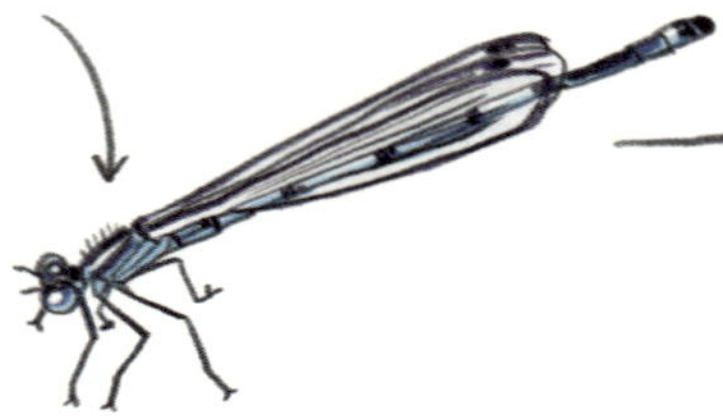

Weit verbreitet, ihre Larven kommen fast überall zurecht.

Hufeisen-Azurjungfer - Coenagrion puella

Für die Checkliste: schwarzer Strich zwischen Augen & Stirn + gelbe Längsstreifen an den Beinen

Knallig rot bis braun, allerdings stehen Libellen auf Farbexperimente, daher sind Farben alleine kein sicheres Bestimmungsmerkmal.

Gemeine Heidelibelle - Sympetrum vulgatum

Die Blaugrüne Mosaikjungfer kommt überall gut zurecht. Auf der Jagd legt sie weite Strecken zurück und kann bis in den November hinein beobachtet werden.

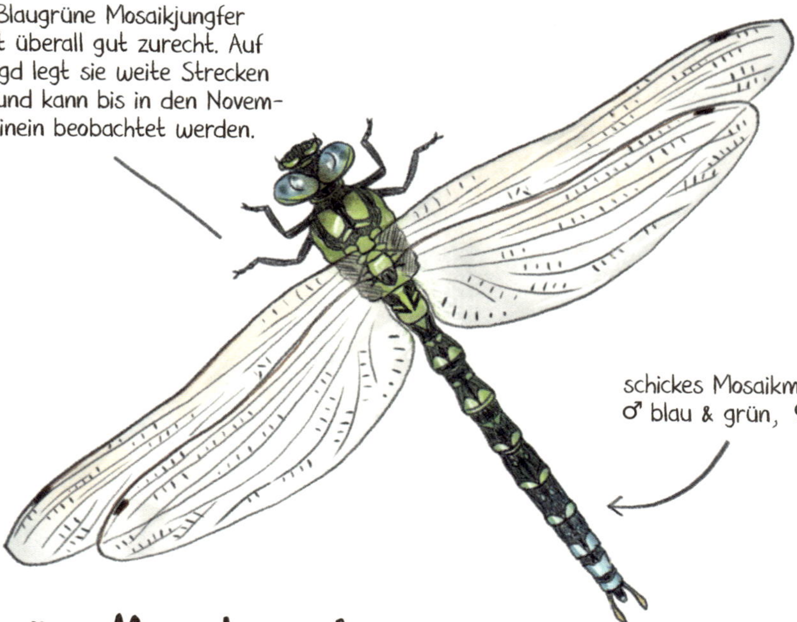

schickes Mosaikmuster, ♂ blau & grün, ♀ grün

Blaugrüne Mosaikjungfer – Aeshna cyanea

Der Name ist hier Programm: Die ♂ verstehen keinen Spaß und kloppen andere Libellen kompromisslos aus ihrem Revier. Manchmal werden die „Gegner" auch an Ort und Stelle verputzt.

♂ leuchtend blau mit schwarzer Linie
♀ grün oder blassblau mit brauner Linie

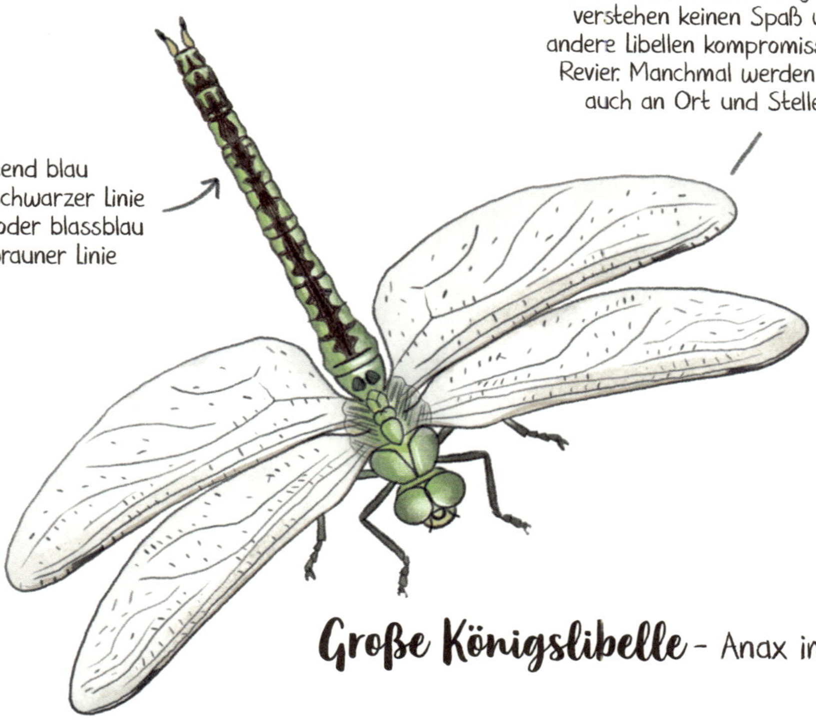

Große Königslibelle – Anax imperator

So erkennst du Käfer [Coleoptera]

Neben Schmetterlingen sind Käfer wohl die Insektenordnung, die bei uns besonders viele Fans hat. Ich sag's, wie es ist: Gutes Aussehen hilft immer dabei, unsere Sympathie zu gewinnen und Käfer, die haben's drauf. Sie schimmern, sie schillern, sie irisieren. Sie leuchten und sind wild gemustert. Dabei kommen sie so knuffig-unbeholfen daher in ihren dicken Panzern, dass es schwerfällt, sie nicht zu mögen.

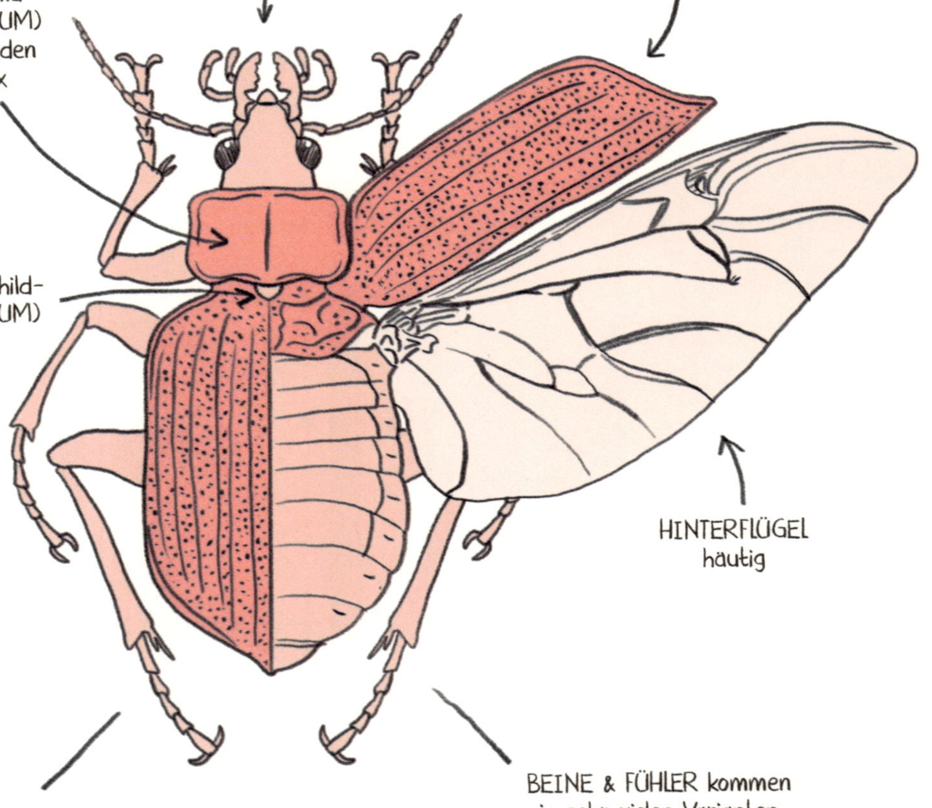

Bei uns in Mitteleuropa leben etwa 7.500 Arten.

Die Formenvielfalt, die Käfer hervorgebracht haben, ist wirklich atemberaubend. Sie besiedeln fast alle Lebensräume dieser Erde, mit Ausnahme der Meere und der Polarregionen. Das macht sie zu einer extrem erfolgreichen Gruppe. Käfer gelten als die ersten Bestäuber der Erdgeschichte. Heute teilen sie sich diesen wichtigen Job mit Schmetterlingen, Bienen und anderen pollen- bzw. nektarfressenden Insekten.

Ganz gleich ob ...

schwimmen

graben

rennen

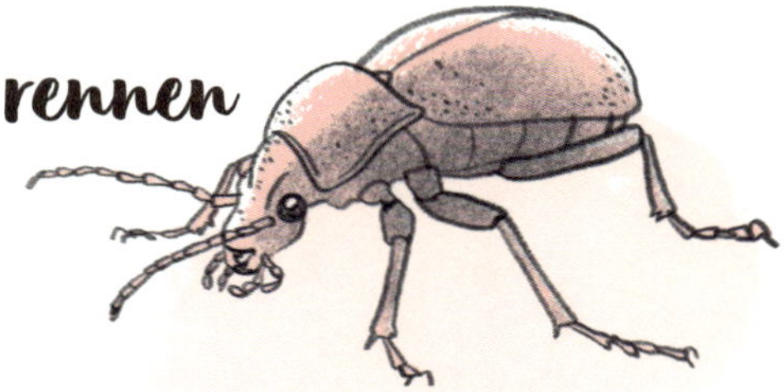

fliegen

... Käfer rocken das!

wird mal ein Rosenkäfer

Drei Käfer-Fakten To Go

Extrem erfolgreich, aber bodenständig: Obwohl fast* alle Käfer flugfähig sind, nutzen sie ihre Flügel in der Regel nur für Kurzstrecken. Den Rest der Zeit verbringen sie krabbelnd, kletternd oder laufend.

Käfer sind Holometabole. Ihre Larven brauchen oft spezielles Futter und mehrere Jahre für ihre Entwicklung. Beim Hirschkäfer kann es z. B. drei bis acht Jahre bis zur vollständigen Verwandlung dauern!

Von Winzlingen und Giganten: Die kleinsten Zwergkäfer werden gerade einmal 0,25 mm lang. Der Herkuleskäfer (Dynastes hercules) kann es auf stattliche 17 cm Körperlänge bringen.

* Einige Käferfamilien (z. B. Laufkäfer) sind aufgrund zurückgebildeter Hinterflügel flugunfähig.

Dürfen wir uns vorstellen?

Die Larven entwickeln sich 3–8 Jahre lang in mürbem Totholz. Das ist aber selten geworden und so nimmt auch die Zahl der Hirschkäfer ab.

Das „Geweih" ist eigentlich der Oberkiefer und eignet sich hervorragend, um Konkurrenten durch die Gegend zu werfen.

♂

Hirschkäfer schlecken Pflanzensäfte auf.

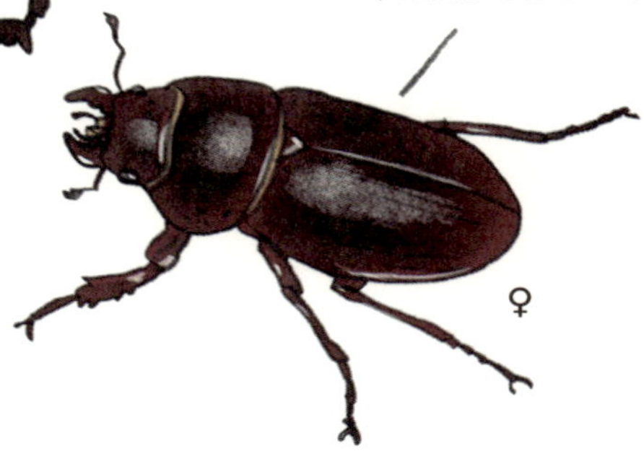

♀

Hirschkäfer – Lucanus cervus

beschießt Feinde mit einem ätzenden, heißen Gasgemisch

mit eingebauter Explosionskammer

kann nichts dafür, dass sein Name klingt wie ein Zauberspruch aus „Harry Potter"

Kleiner Bombardierkäfer – Brachinus explodens

macht auf Wespe und imitiert sogar ihr hektisches Schwirren, ist aber harmlos

ist ein eher ruheloser Zeitgenosse und wuselt bei Störung schnell auf und davon

überzeugter Pollenfan

Widderbock – Clytus arietis

streckt bei Gefahr den Hinterleib nach vorne wie ein kleiner Skorpion, kann aber nicht stechen

Ein Kurzflügler!

Dafür kann der Moderkäfer ordentlich zubeißen. Er futtert u. a. Nacktschnecken, Asseln und Aas.

Schwarzer Moderkäfer - Ocypus olens

Durch ihre Biolumineszenz* finden die paarungswilligen „Glühwürmchen" zueinander.

Auch Leuchtkäferlarven fressen gerne Schnecken.

Die ♀ haben nur Flügelstummelchen & „antworten" den ♂ vom Boden aus.

Kleiner Leuchtkäfer - Lamprohiza splendidula

Nachts, wenn niemand schaut, fliegen Gelbrandkäfer auch über Land und erkunden neue Gebiete.

Den Luftvorrat unter seinen Flügeldecken tankt er regelmäßig an der Oberfläche auf.

Borstenbesetzte Hinterbeine dienen als Paddel.

Gelbrandkäfer - Dytiscus marginalis

* Ausstrahlung von sichtbarem Licht durch Lebewesen

So erkennst du Wanzen [Heteroptera]

Wanzen stehen den Käfern in Sachen Vielfalt eigentlich in nichts nach. Auch sie haben fast alle Lebensräume dieser Erde erobert. Und trotzdem werden Wanzen oft als stinkende, blutsaugende Parasiten abgekanzelt. Tatsächlich können Vertreter der Familie Pentatomidae (Stinkwanzen) auch ordentlich müffeln. Andere Arten riechen dafür nach Zimt, Kirsche oder Vanille. Einige sind gut getarnt, andere signalisieren durch grelle Farben und wilde Muster: „Achtung, ich schmecke nicht!" Schön anzusehen und gut zu beobachten sind sie natürlich trotzdem.

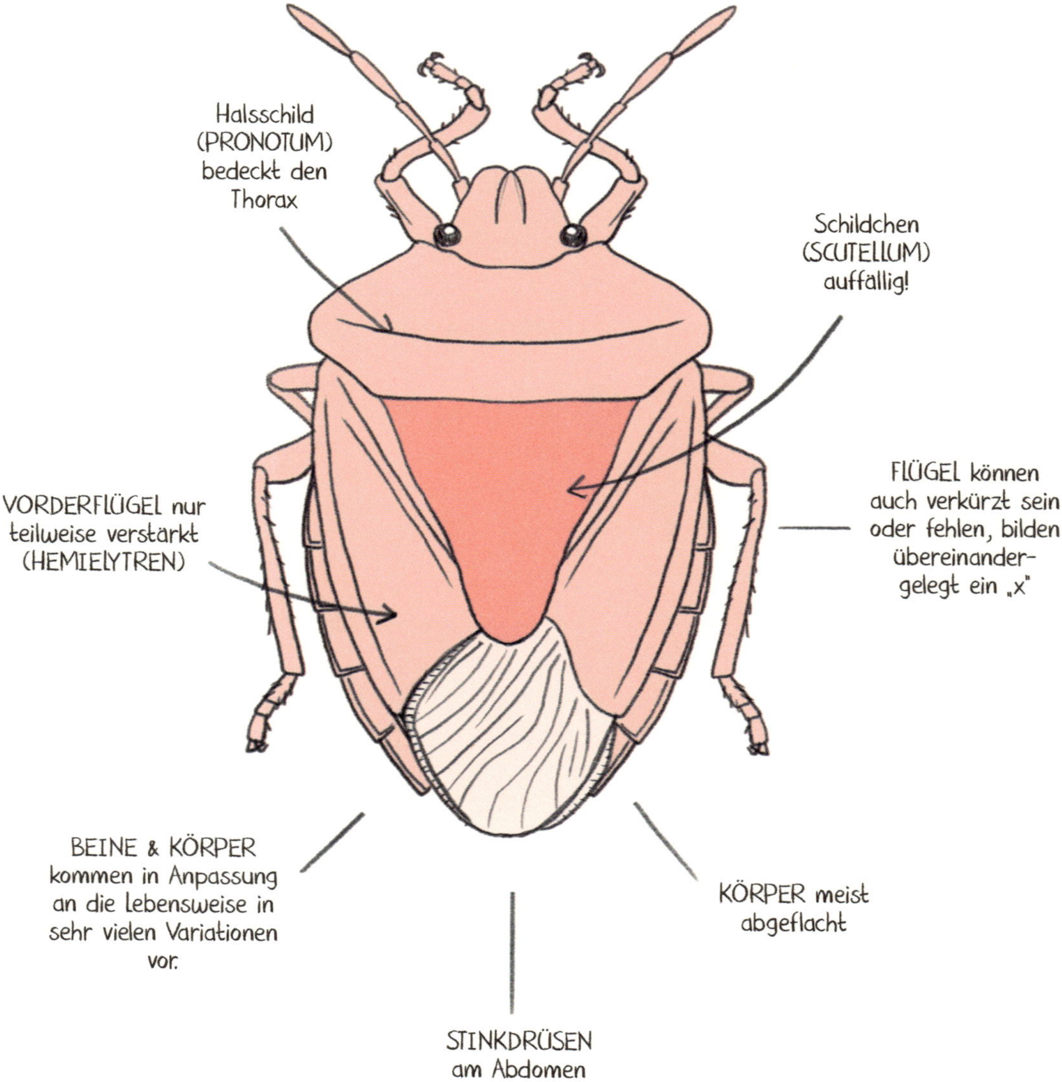

Bei uns in Mitteleuropa leben etwa 865 Arten.

Wanzen sind wunderbar vielfältige Beobachtungsobjekte. Da kommt so schnell garantiert keine Langeweile auf. Du findest sie im Wasser ebenso wie auf Büschen, Bäumen oder Blumen.

Die Mundwerkzeuge der Wanzen sind zu einem langen Rüssel umgewandelt und damit perfekt an eine saugende Ernährungsweise angepasst. Der Großteil schlürft entspannt Pflanzensäfte, einige saugen andere Insekten oder auch Pilze aus. Nur wenige Arten ernähren sich von Blut. Der Saugrüssel ist nicht gleich auf den ersten Blick zu erkennen, aber neben den Flügeln ein ziemlich eindeutiges Erkennungsmerkmal für Wanzen.

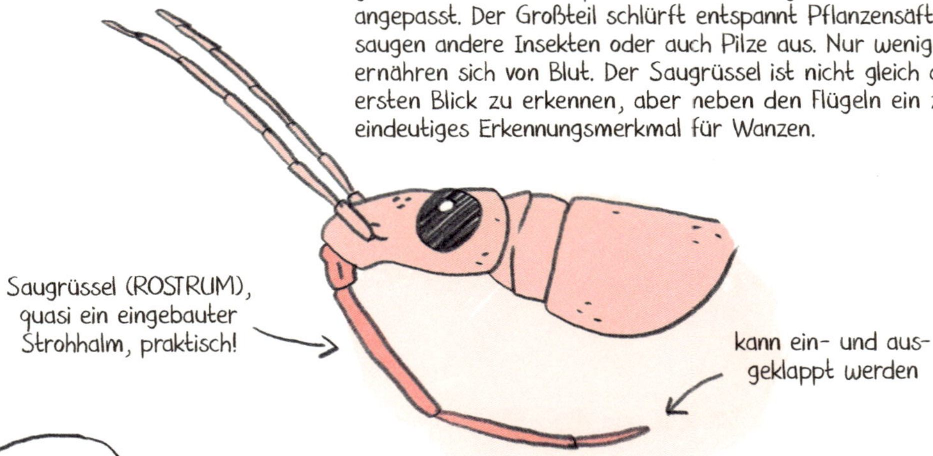

Drei Wanzen-Fakten To Go

Einige Arten des Meerwasserläufers (Halobates) sind hochseetauglich. Sie besiedeln die Oberfläche unserer Ozeane und produzieren sogar ihren eigenen Sonnenschutz!

Sechsbeinige Arzthelferin: Die mexikanische Raubwanze wird in tierärztlichen Praxen eingesetzt, um bei Kleintieren Blut abzunehmen. So vermeidet man unnötigen Stress bei den flauschigen Patienten.

Wanzen sind hemimetabol. Ihre Larven sehen aus wie eine flügellose Miniversion ihrer Eltern und werden ihnen von Häutung zu Häutung ähnlicher. Sie werden oft für „Babykäfer" gehalten.

Dürfen wir uns vorstellen?

Streifenwanze – Graphosoma italicum

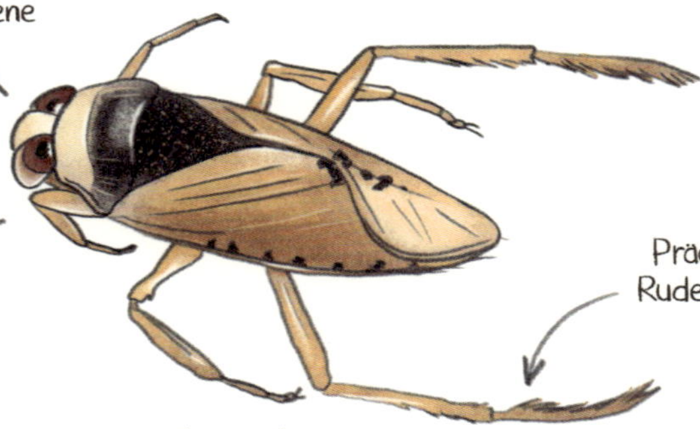

Rückenschwimmer – Notonecta glauca

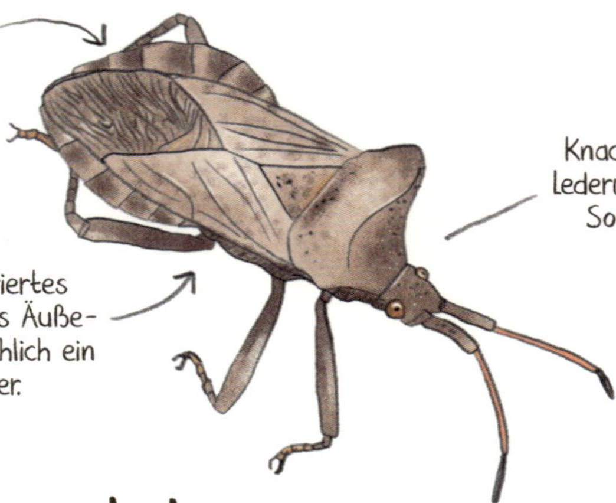

Lederwanze – Coreus marginatus

Wanzen [Heteroptera]

Geringelte Mordwanze – Rhynocoris iracundus

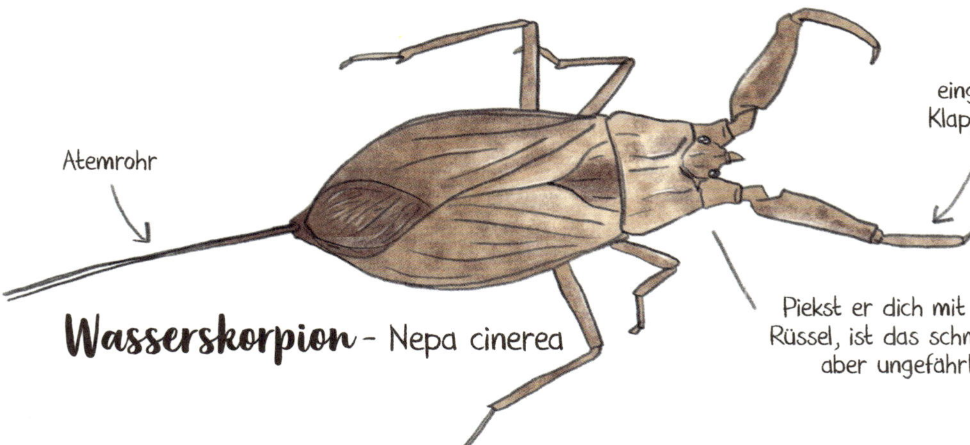

Wasserskorpion – Nepa cinerea

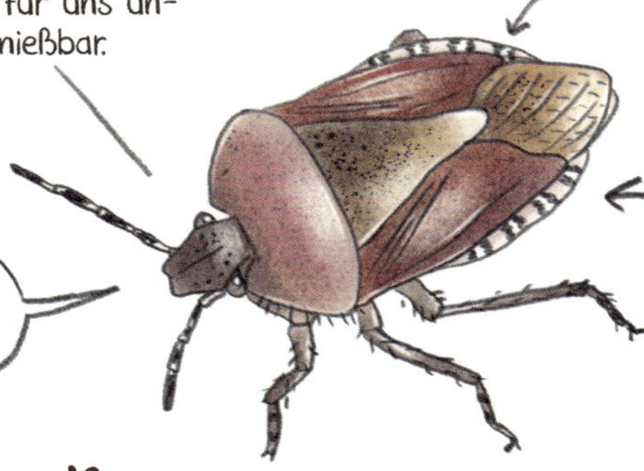

Beerenwanze – Dolycoris baccarum

So erkennst du Zikaden [Auchenorrhyncha]

Zikaden werden auch Zirpen genannt. Tatsächlich produziert aber nur die Familie der SINGZIKADEN (Cicadidae) Töne, die wir Menschen wahrnehmen können. Sie stehen auf Wärme und bevorzugen in der Regel tropisches und suptropisches Klima. Wie die Wanzen besitzen Zikaden einen Saugrüssel, der sich aber nicht umklappen lässt. Die meisten Zikaden sind ganz fantastische Springer.

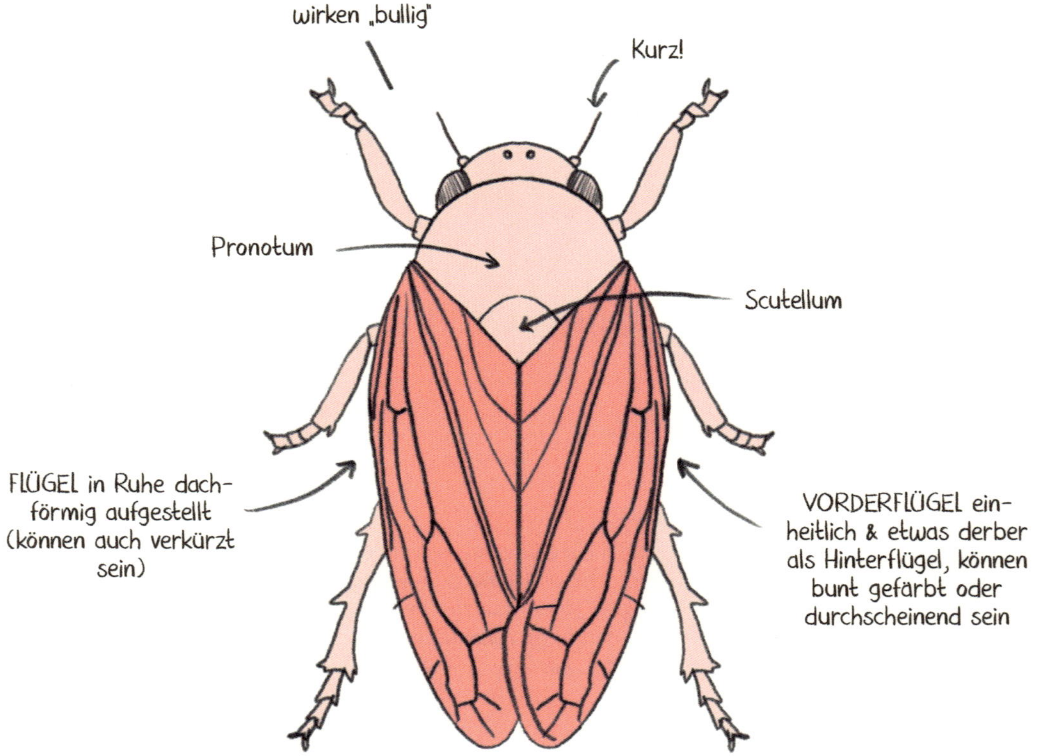

Zikaden sind Vegetarier & zuzeln Pflanzensäfte.

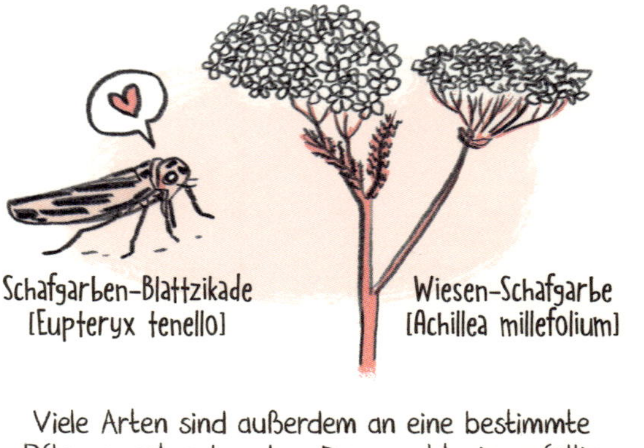

Viele Arten sind außerdem an eine bestimmte Pflanzenart gebunden. Das macht sie anfällig gegenüber Veränderungen in ihrem Lebensraum.

Bei uns in Mitteleuropa leben etwa 630 Arten.

Trommelbauch

Alle Zikadenarten erzeugen mit dem sogenannten TYMBALORGAN (Trommelorgan) im Abdomen Gesänge. Der Großteil der Zikadenkommunikation findet aber unter unserem Radar statt, da die Übertragung der Signale über schwingende Pflanzenteile erfolgt.

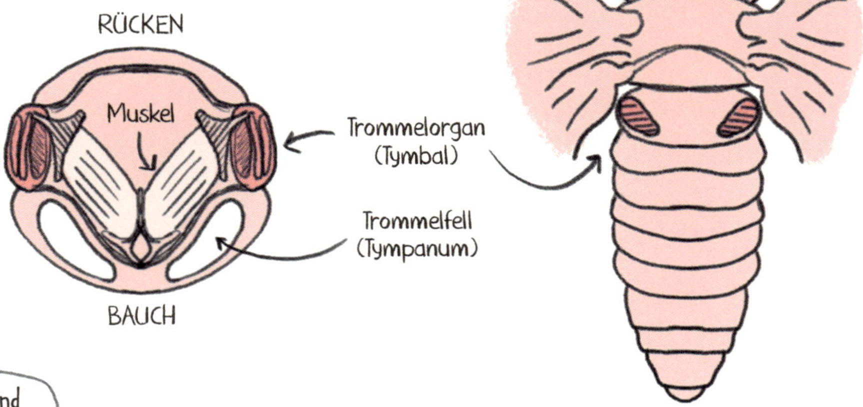

Die meisten heimischen Arten sind eher klein, ziemlich gut getarnt und flink davongehüpft. Macht dein Beobachtungsobjekt einen überraschenden Satz, sieht aber ansonsten so gar nicht nach Heuschrecke aus, hattest du vermutlich gerade ein Tête-à-Tête mit einer Zikade, Glückwunsch!

Drei Zikaden-Fakten To Go

Synchronschlüpfer: Die Larven der nordamerikanischen Gattung Magicicada verbringen 13 bis 17 Jahre in der Erde bevor dann Millionen ausgewachsener Insekten zeitgleich schlüpfen, um sich zu paaren.

Schaumschläger: Die Larven der Wiesenschaumzikade erzeugen um sich herum ein schützendes Schaumnest, indem sie durchgehend Luftbläschen in eine Art Schleimcocktail pumpen, den sie selbst ausscheiden.

Rekordhüpfer: Kein Tier kann im Verhältnis zu seinem Körpergewicht höher springen als die Zikade. Die dafür notwendige Muskulatur befindet sich im Thorax.

Dürfen wir uns vorstellen?

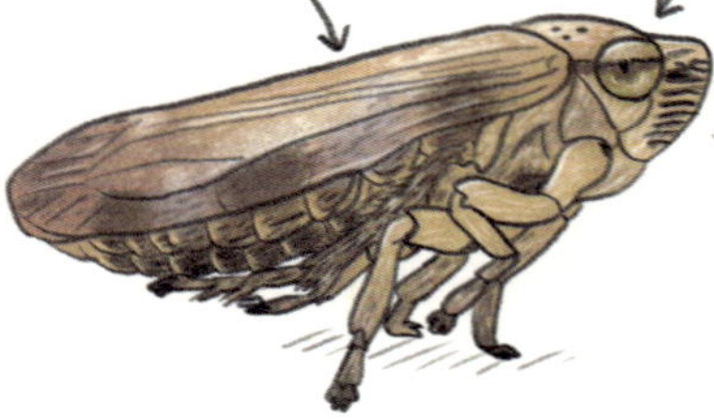

Wiesenschaumzikade – Philaenus spumarius

Blutzikade – Cercopis vulnerata

Rhododendronzikade – Graphocephala fennahi

Zikaden [Auchenorryncha]

unverwechselbarer Klotzkopf

Diese Art stammt ebenfalls aus Nordamerika. Sie zuzelt gerne an Rosen, Obstbäumen & Weinreben und kann den Pflanzen ordentlich zusetzen. Daher stößt ihre Anwesenheit bei uns nicht überall auf Begeisterung.

Büffelzikade – Stictocephala bisonia

♂ meist heidelbeerfarben
♀ grün bis blaugrün

fein gestreift

fährt voll auf Binsen ab, hält sich bevorzugt in Feuchtwiesen & anderen, eher feuchten, Lebensräumen auf

Binsenschmuckzikade – Cicadella viridis

lebt auf Bäumen und ist auf deren Rinde ausgesprochen gut getarnt

Dank der öhrchenförmigen Nubbel unverwechselbar!

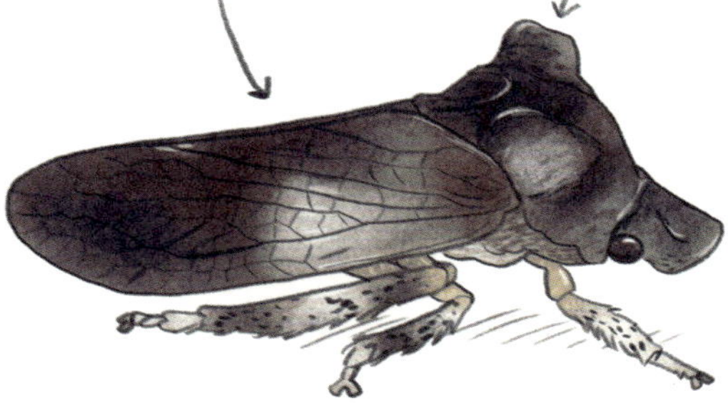

Ohrzikade – Ledra aurita

So erkennst du Hautflügler [Hymenoptera]

Momentan stehen Käfer mit den meisten beschriebenen Arten auf Platz 1, dicht gefolgt von Schmetterlingen und Zweiflüglern. In der Forschung geht man aber davon aus, dass Hautflügler die ARTENREICHSTE Gruppe der Insekten sind. Diese Ordnung umfasst zwei Unterordnungen, die PFLANZENWESPEN (Symphyta) und die TAILLENWESPEN (Apocrita). Alle Taillenwespen besitzen auch eine Wespentaille, also eine sexy Einschnürung des Hinterleibs. Uhlala! Zu dieser Gruppe gehören unter anderem Wespen, Bienen, Hornissen, Ameisen und Hummeln (ja wirklich!).

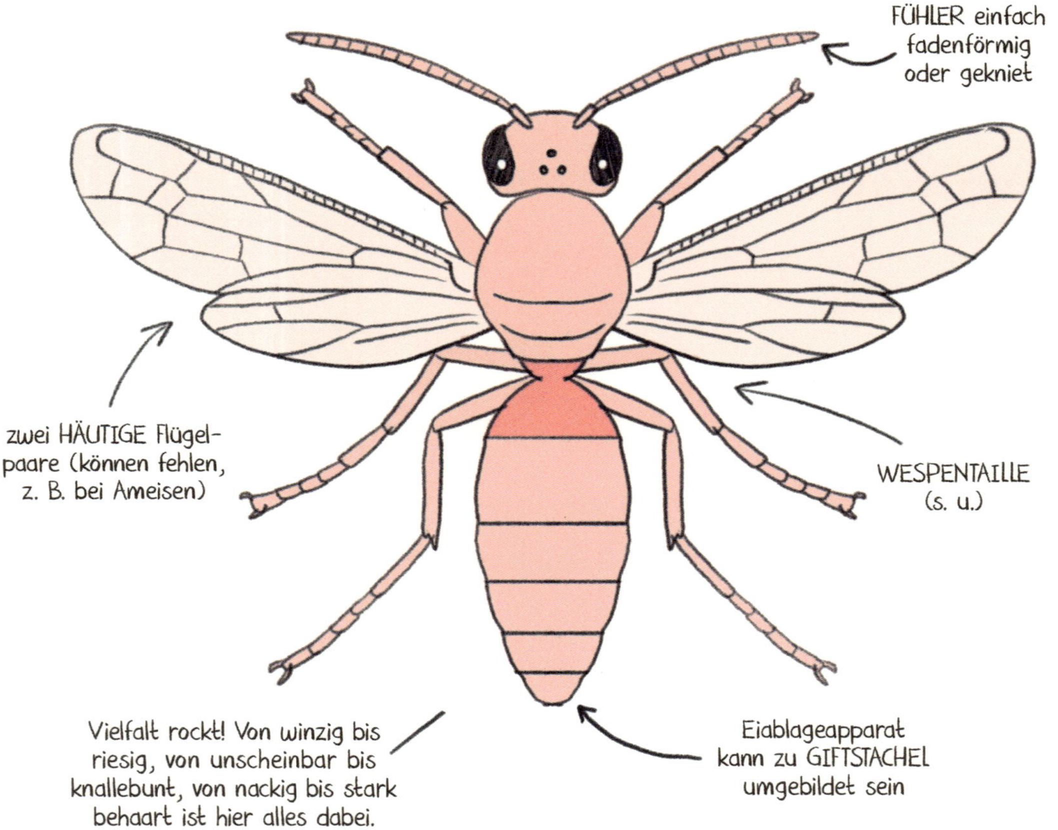

Pflanzenwespen [Symphyta]

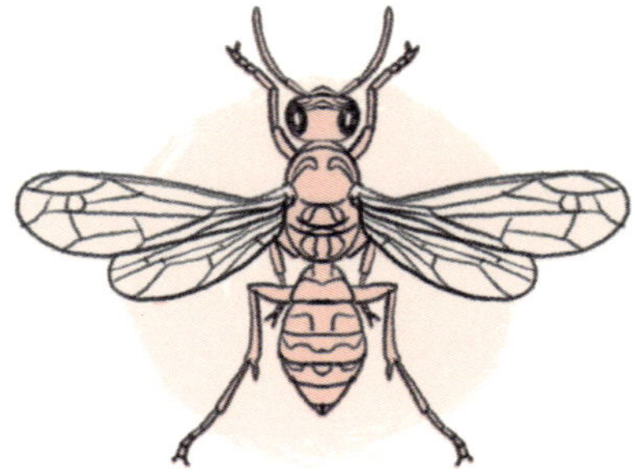

Taillenwespen [Apocrita]

Bei uns in Mitteleuropa leben etwa 9.300 Arten.

Eine für alle, alle für eine!

Der weitaus größte Teil aller Hautflügler-Arten lebt einzeln (solitär), aber Ameisen, echte Wespen und Bienen zählen zu den staatenbildenden Insekten. Das Zusammenleben in so einem Staat folgt seinen ganz eigenen Regeln. Es gibt zum Beispiel:

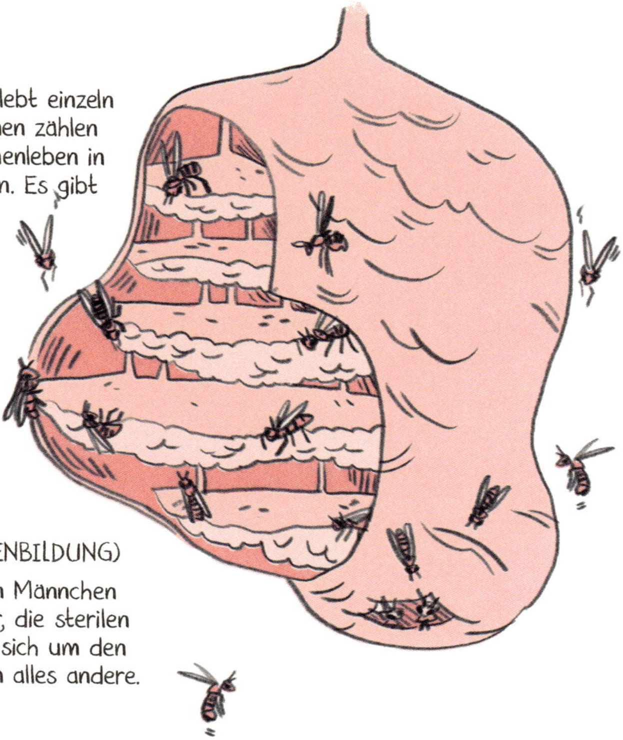

1. ÜBERLAPPENDE GENERATIONEN

Die Mutter (Königin) und mindestens eine Generation ihrer Nachkommen leben zusammen.

2. ARBEITSTEILUNG (KASTENBILDUNG)

Die Königin wird von den Männchen befruchtet und legt Eier, die sterilen Arbeiterinnen kümmern sich um den Nachwuchs und auch um alles andere.

3. KOOPERATION IN DER BRUTPFLEGE

Mehrere Tiere kümmern sich gemeinschaftlich um den Nachwuchs der Königin – wie nett.

Drei Hautflügler-Fakten To Go

Während ein Hornissenstaat im Sommer auf etwa 700 Tiere heranwachsen kann, knacken Wespen locker die 10.000. Einige unserer heimischen Ameisen-Staaten beherbergen sogar bis zu 2 Millionen Tiere!

Hautflügler übernehmen zwei wichtige Jobs in der Natur: Pollen- und nektarfressende Arten arbeiten als Bestäuber, parasitoid* und räuberisch lebende Arten halten das natürliche Gleichgewicht aufrecht.

Nutzlose Ameisen? Von wegen! Sie belüften unsere Böden und versorgen sie mit Nährstoffen. Ameisen leisten also genauso wichtige Dienste wie die allseits beliebten Regenwürmer.

* ≠ parasitisch, denn echte Parasiten töten ihren Wirt nicht.

Dürfen wir uns vorstellen?

Sie zählt zu den größten heimischen Wespen & ist eine sanftmütige Riesin. Nur von ihrem Nest solltest du dich besser fernhalten.

Ihr Stich ist ähnlich giftig wie ein Bienenstich. Mit einer Allergie ist Vorsicht geboten.

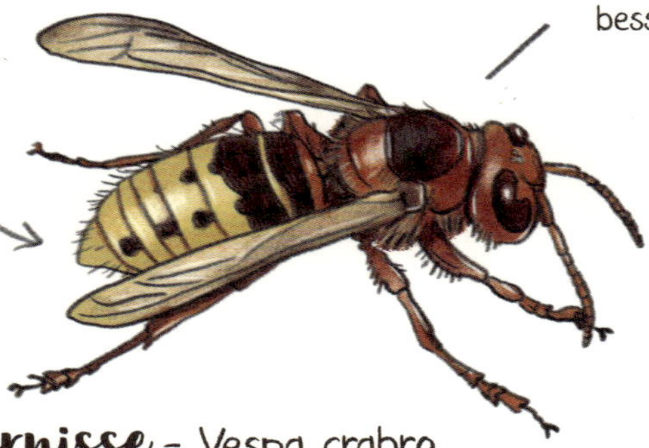

Die Hornisse trägt einen zeitlosen Mix aus kastanienbraun und dunklem Gelb, très chic!

Hornisse – Vespa crabro

mit 4 – 13 mm eine eher zierliche Art

parasitoid, ihre Larven fressen die Eier, Larven & Futtervorräte anderer Wespen- & Bienenarten

definitiv eines der optischen Highlights unter den Hautflüglern & unverwechselbar

Gemeine Goldwespe – Chrysis ignita

Nervig, aber nie grundlos aggressiv: Sie sticht nur um sich & ihr Nest zu verteidigen. Auch wenn's schwer fällt: Vermeide hektische Bewegungen, anpusten & quetschen, dann bleibt sie meistens cool.

Die Imagines leben vegetarisch, die Larven fressen nur tierische Nahrung. Sie ist eine Top-Jägerin & superwichtig für die Regulation der Populationsdichte anderer Insekten.

Isso.

Erkennungszeichen: ein breiter schwarzer Strich auf der Stirnplatte

Gemeine Wespe – Vespula vulgaris

Hautflügler [Hymenoptera]

Unsere häufigste & größte Hummelart ist besonders früh im Jahr unterwegs.

Die gelbe Binde ist dunkel, ≠ der Hellen Erdhummel mit zitronen- bis weißgelber Binde. Ansonsten sind beide Arten sehr ähnlich.

Um die erste Brut des Jahres durchzubringen, muss eine Erdhummelkönigin ca. 6.000 Blüten anfliegen!

Dunkle Erdhummel – Bombus terrestris

in der Mitte rotbraun, vorne und hinten schwarz, glänzt stark

baut ihre Nester bevorzugt in Totholz, indem sie Bäume ausnagt, legt häufig auch einen unterirdischen „Keller" an

entfernt sich auf Nahrungssuche bis zu 40 m vom Nest

Braunschwarze Rossameise – Camponotus ligniperda

legt ihre Nistgänge in Totholz an, gerne auch in ausgebrachte Klötze, Stämme & Balken – wenn diese weich genug sind

groß & dank der blauschillernden Flügel ein echter Hingucker

Allez hopp!

Röhrenartistin: Sie legt ihre Eier auf einer Art Pollenpaste ab. Um den Pollen am Boden der Niströhren abzulegen, muss sie 1–2 Purzelbäume machen.

Blaue Holzbiene – Xylocopa violacea

So erkennst du Zweiflügler [Diptera]

Zweiflügler sind eine wirklich unbeliebte Gruppe. Sie beißen, sie stechen, sie übertragen gefährliche Krankheiten und parasitieren. Das ist alles richtig und unangenehm, aber auch ein bisschen einseitig. Der überwiegende Teil der Zweiflügler ernährt sich von Nektar, Pflanzen- und Fruchtsäften, verrottendem Material oder anderen Insekten. Sie sind außerdem wichtige Nahrungsgrundlage vieler Tiere und ganz herausragende Bestäuber. Ich sag mal so: ohne Mücken keine Schokolade. Irgendwas ist halt immer.

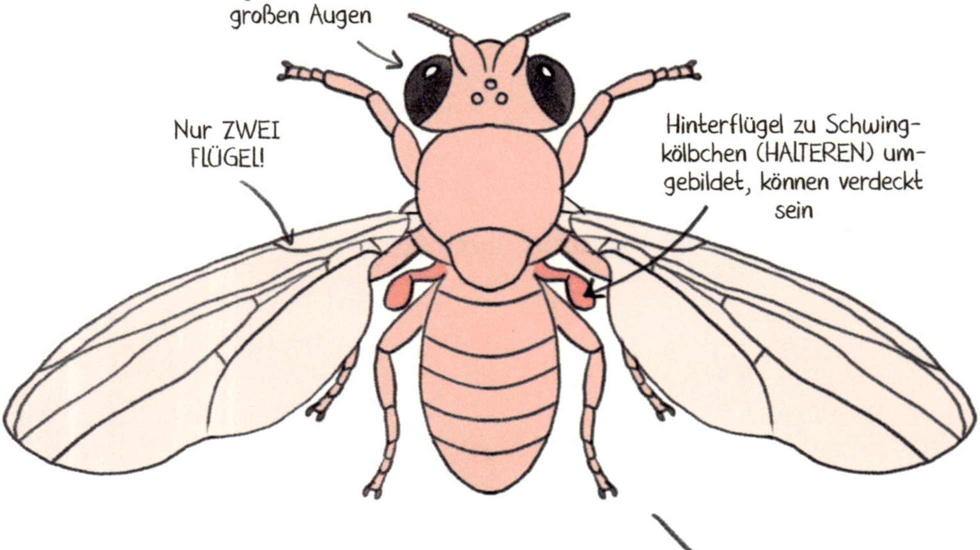

Die Mundwerkzeuge der Zweiflügler sind oft stechend-saugend oder leckend-saugend in den unterschiedlichsten Variationen, z. B.:

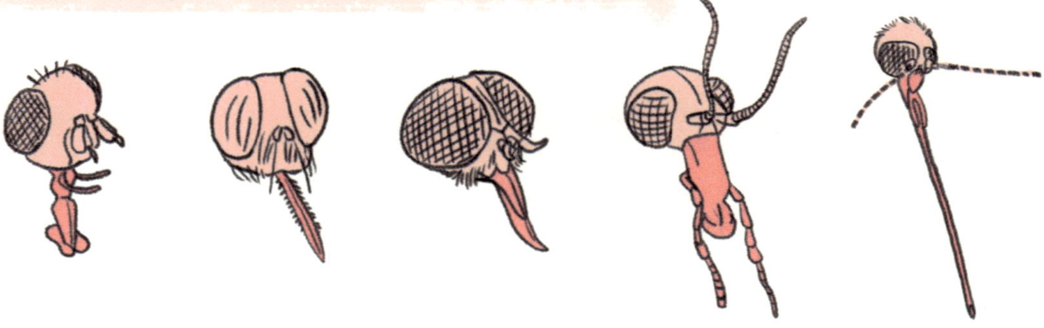

Bei uns in Mitteleuropa leben etwa 9.200 Arten.

Fliegen [Brachycera]

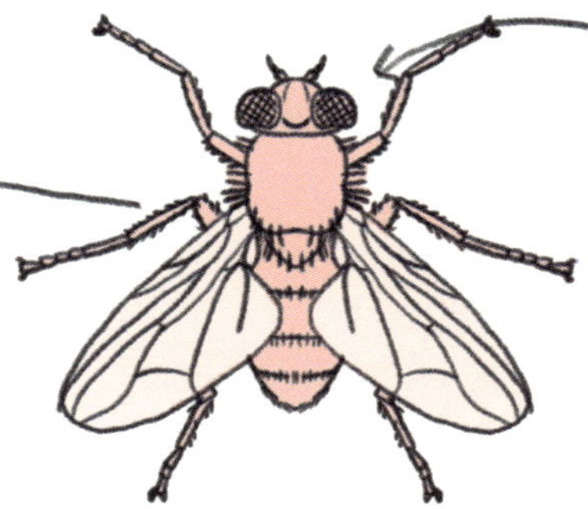

Mücken [Nematocera]

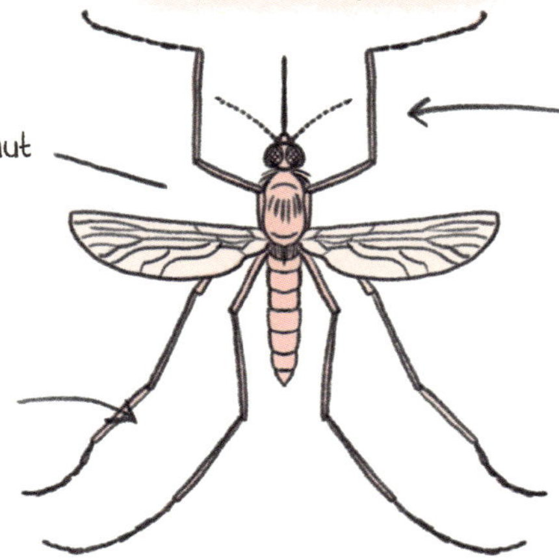

Drei Zweiflügler-Fakten To Go

Zweiflügler kommen in nahezu allen Lebensräumen vor, auch in extremen Habitaten. Die Larven der Ölfliege Helaeomyia petrolei leben zum Beispiel bis zu ihrer Verpuppung in Rohöl-Lachen.

Mit ihren Flugkünsten stellen Zweiflügler sogar Libellen in den Schatten. Schnell, wendig und präzise führen sie jedes Flugmanöver aus. Sinneszellen an der Basis der Halteren helfen ihnen dabei.

Schmeißfliegen leisten wichtige Aufräumarbeit in der Natur, indem sie unter anderem Aas beseitigen. Den Duft einer potenziellen Mahlzeit „erschnuppern" sie über Strecken von bis zu 10 Kilometern hinweg!

Dürfen wir uns vorstellen?

Hainschwebfliege – Episyrphus balteatus

Gelbe Mordfliege – Laphria flava

Großer Wollschweber – Bombylius major

Zweiflügler [Diptera]

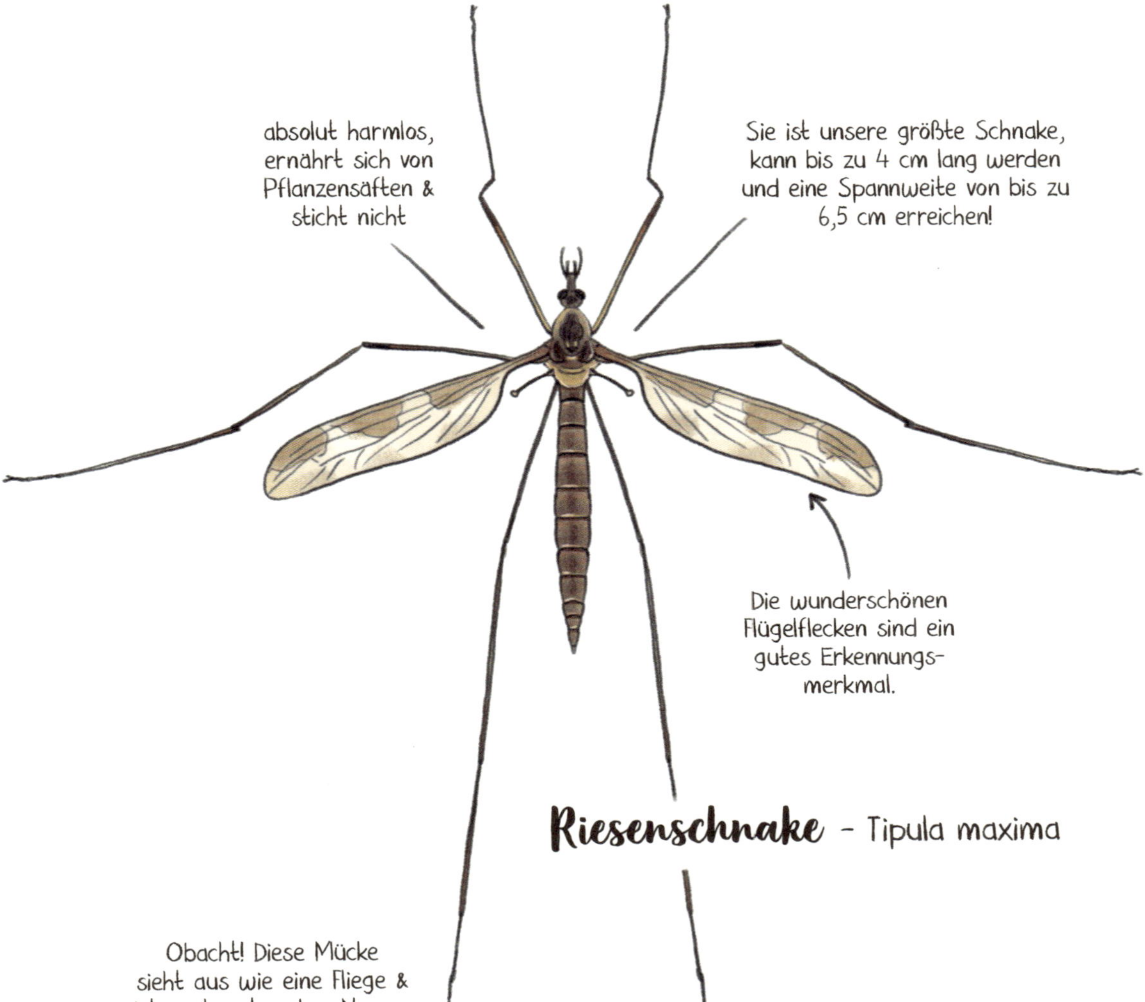

Riesenschnake – Tipula maxima

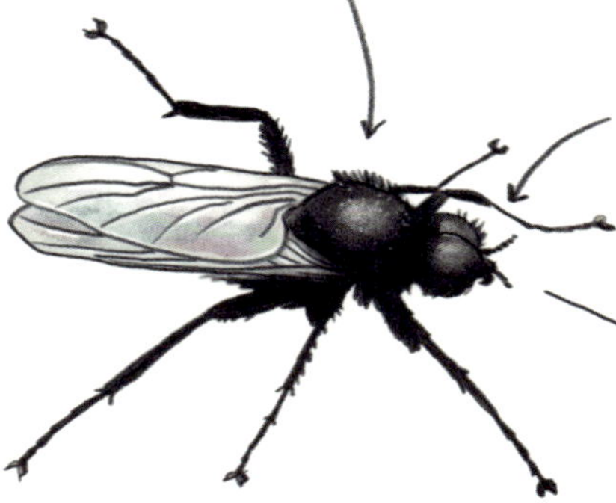

Märzhaarmücke – Bibio marci

So erkennst du Heuschrecken [Orthoptera]

Ein Sommer ohne Heuschreckengesäge und Grillengezirpe ist kein richtiger Sommer, oder? Lief man früher durch eine ungemähte Wiese, stoben sie nach allen Seiten davon. Mittlerweile sind deutlich weniger akrobatische Springer unterwegs. Aber noch sind sie da und mit etwas Geschick kannst du sie einsammeln und eine Weile beobachten. An Heuschrecken sind die Mundwerkzeuge besonders gut zu sehen.

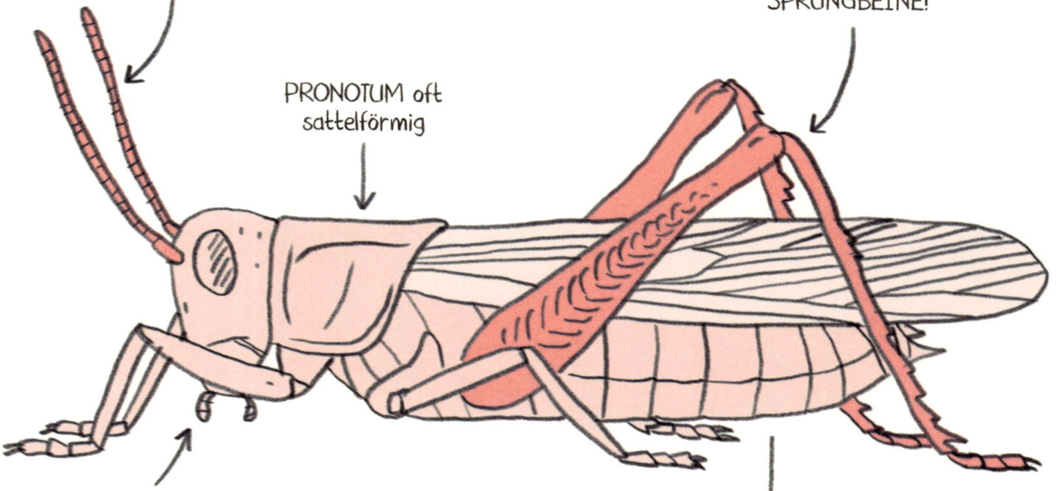

Feldgrille [Grillus campestris]

Das unverkennbare Zirpen entsteht, wenn zum Beispiel eine Grille ihre Flügel aneinanderreibt (Stridulation). Dort sitzen verhärtete Strukturen: eine mit Zähnchen besetzte Schrillleiste und eine Schrillkante. Die werden in Schwingungen versetzt und tragen den sehnsuchtsvollen Gesang der Zirpenden in die sommerliche Welt hinaus.

Bei uns in Mitteleuropa leben etwa 85 Arten.

Kurzfühlerschrecken [Caelifera]

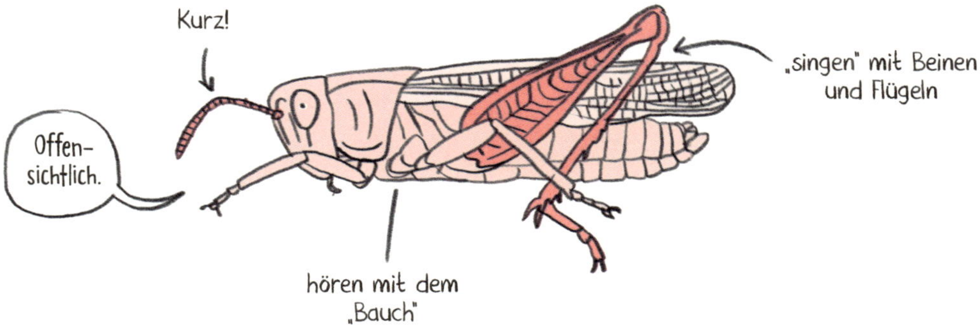

Langfühlerschrecken [Ensifera]

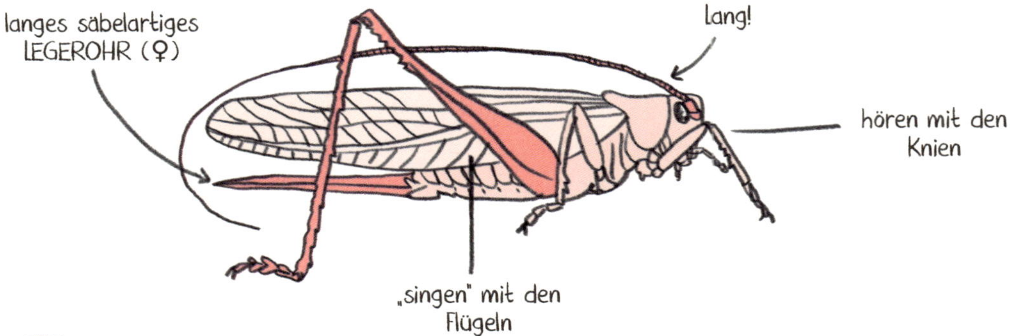

Drei Heuschrecken-Fakten To Go

Schrecken im Untergrund: Maulwurfsgrillen leben in unterirdischen Gangsystemen. Zwei eingeschleppte Höhlenschrecken-Arten fühlen sich mittlerweile auch bei uns heimisch.

Pink is a lifestyle: Eine Mutation kann dazu führen, dass Grashüpfer leuchtend rot oder pink zur Welt kommen (Erythrismus). In der grünen Wiese nicht die beste Wahl, weswegen sie meist nicht alt werden.

Biblische Plagegeister: Weltweit gibt es heute noch etwa 12 Arten, die riesige, wandernde Schwärme bilden und ganze Ernten vernichten können. Betroffen sind meist Asien, Südamerika, Australien und Afrika.

Dürfen wir uns vorstellen?

mit bis zu 4 cm (♀) eine der GRÖSSTEN heimischen Heuschrecken

kommt sogar in Innenstädten zurecht, intensiv bewirtschaftete Flächen meidet sie

Flexitarierin – frisst größtenteils Insekten, gelegentlich aber auch Pflanzen

Großes Grünes Heupferd – Tettigonia viridissima

♂ haben häufig kurze, ♀ sehr kurze FLÜGEL. Beide sind dann flugunfähig.

einer unserer häufigsten Grashüpfer, fühlt sich sogar auf stark bewirtschafteten Wiesen einigermaßen wohl

Je nach Witterung kannst du ihn noch bis in den November hinein beobachten!

Gemeiner Grashüpfer – Chorthippus parallelus

erhöhter Knuffelfaktor dank großem kugeligen KOPF

♀ mit LEGERÖHRE

Sie springt mehr schlecht als recht, fliegt nicht, läuft aber dafür überraschend flink davon, wenn sie muss.

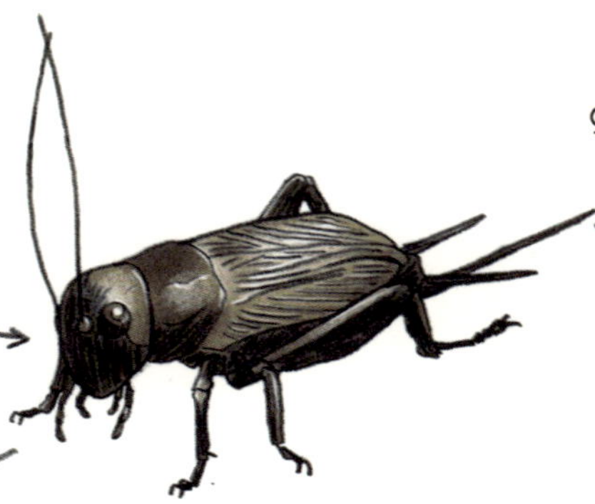

Feldgrille – Gryllus campestris

Heuschrecken [Orthoptera]

Die Flügel sind bei den meisten Tieren verkürzt.

Bei Störung lässt die Beißschrecke sich einfach fallen und huscht dann ungesehen davon.

prächtige Beine mit markantem STREIFEN

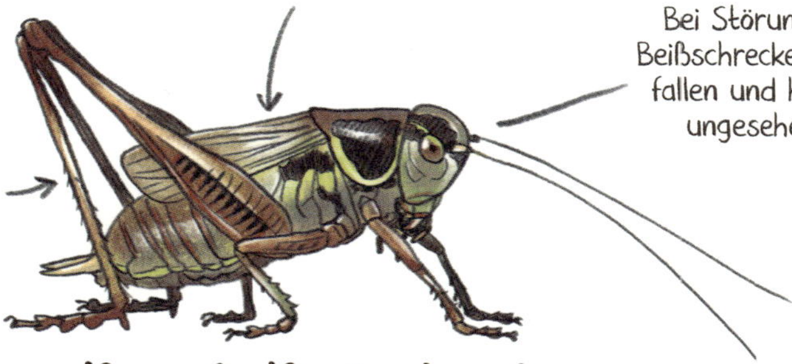

Roesels Beißschrecke – Roeseliana roeselii

Sie ist bei uns die einzige Art aus ihrer Familie & absolut unverwechselbar!

Oh, diese GRABSCHAUFELN!

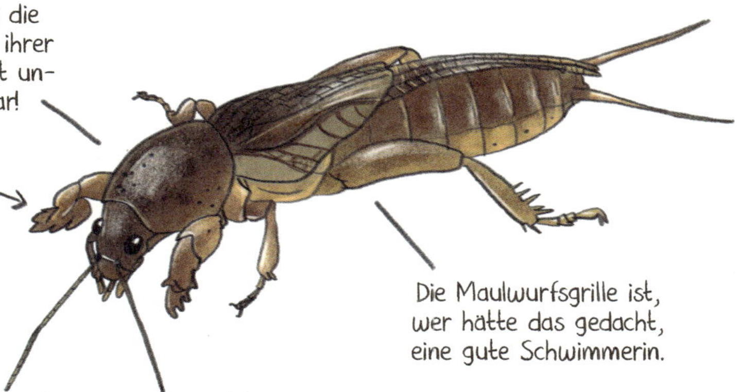

Die Maulwurfsgrille ist, wer hätte das gedacht, eine gute Schwimmerin.

Europäische Maulwurfsgrille – Gryllotalpa gryllotalpa

perfekt getarnt im graubraun marmorierten Felsenlook

Die strahlend blauen FLÜGEL siehst du nur im Flug kurz aufblitzen. Doch ehe du dich versiehst, sind sie wieder eingeklappt & das Tier verschwunden.

Sie liebt trockenwarme Ödlandflächen, ist also nicht überall zu finden. Dort wo sie vorkommt, ist sie aber sehr häufig.

Blauflügelige Ödlandschrecke – Oedipoda caerulescens

So erkennst du Eintagsfliegen [Ephemeroptera]

Die Eintagsfliege, die kennt man. Ein trostloses Dasein fristet sie, lebt ja nur einen Tag. Traurig, traurig. Ganz so schlimm ist es nicht. Als Larve verbringt die Eintagsfliege immerhin ein bis drei Jahre größtenteils fressend und wachsend im Wasser. Ihr Erwachsenenleben mag tatsächlich nur einige Stunden lang andauern, aber diese Stunden sind gefüllt mit Fliegen und Fortpflanzung. Sex, Drugs and Rock 'n' Roll mal anders. Weil ihre Überlebensstrategie auf Masse setzt, war sie lange eine wichtige Nahrungsgrundlage für Fische, Vögel, Fledermäuse und Co.

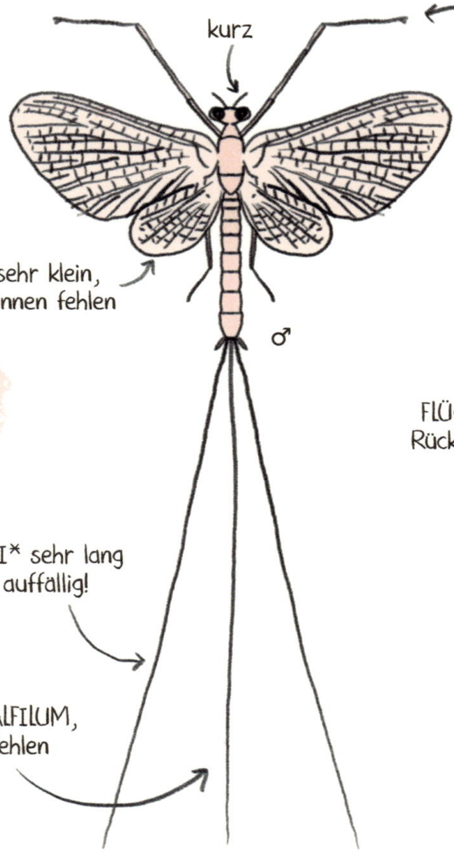

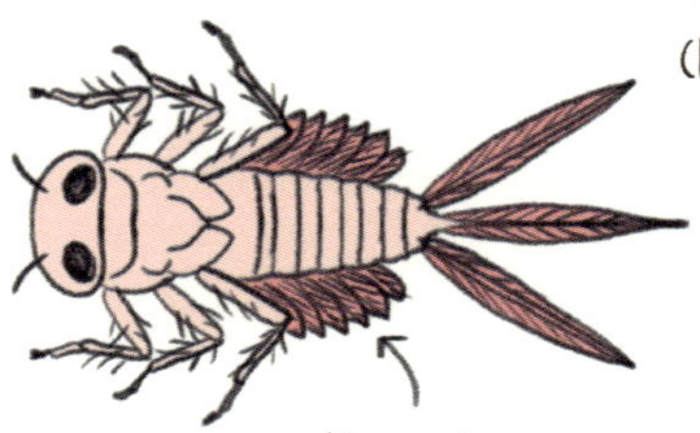

Die Larven werden je nach Lebensweise in Schnellschwimmer, Schlängler, Steinklammerer, Mooskletterer, Schlammkriecher und Grundgräber unterteilt.

* Sogenannte Afterfühler siehe dazu Seite 126.

Bei uns in Mitteleuropa leben etwa 115 Arten.

Gemeine Eintagsfliege - Ephemera vulgata

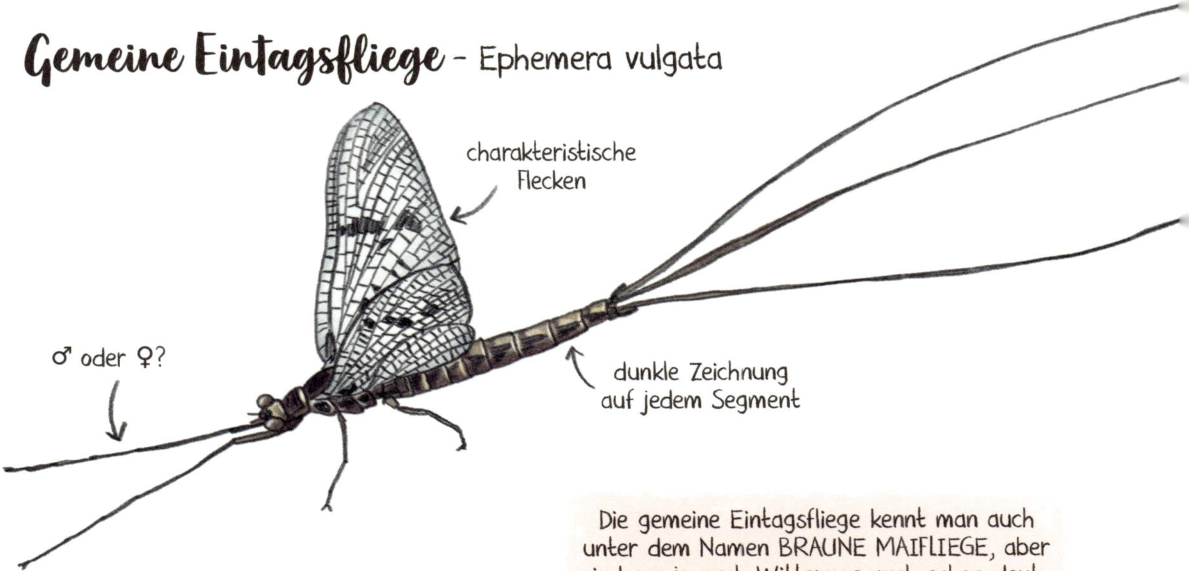

Die gemeine Eintagsfliege kennt man auch unter dem Namen BRAUNE MAIFLIEGE, aber sie kann je nach Witterung auch schon deutlich früher oder später im Jahr beobachtet werden. Im Amerikanischen werden alle Eintagsfliegen als „Mayflies" bezeichnet, in England nur eine Familie. Da bleiben wir lieber gleich bei den wissenschaftlichen Namen, oder?

Drei Eintagsfliegen-Fakten To Go

Eintagsfliegen-Special-Move: Die Larve häutet sich zu einer FLUGFÄHIGEN SUBIMAGO (einer Vorstufe), die sich dann innerhalb kurzer Zeit ihrerseits ein allerletztes Mal zur geschlechtsreifen Imago häutet.

Eintagsfliegen schlüpfen meist synchron, paaren sich im Flug und sterben zeitnah. Ein All-you-can-eat-Spektakel, dass in der Tierwelt ebenso großen Anklang findet wie unter Fliegenfischern.

Doppelt hält besser: Die Männchen einiger Arten besitzen geteilte Komplexaugen. Das größere Paar sitzt auf dem Kopf und zeigt nach oben (Turbanaugen), das kleinere zeigt zur Seite.

* Was Mandibeln sind, erfährst du auf Seite 126.

So erkennst du Netzflügler [Neuroptera]

Netzflügler werden gerne mit Elfen verglichen. Ob das an ihren zart schimmernden Flügeln oder ihrer grazilen Figur liegt? Man weiß es nicht. Egal, ob Fanghaft, Schmetterlingshaft oder zarte Ameisenjungfer - schön anzusehen sind die ausgewachsenen Tiere auf jeden Fall. Ihre Larven spielen allerdings in einer ganz anderen Liga ... die bekannteste unter ihnen dürfte der ebenso faszinierende wie bizarr anmutende Ameisenlöwe sein.

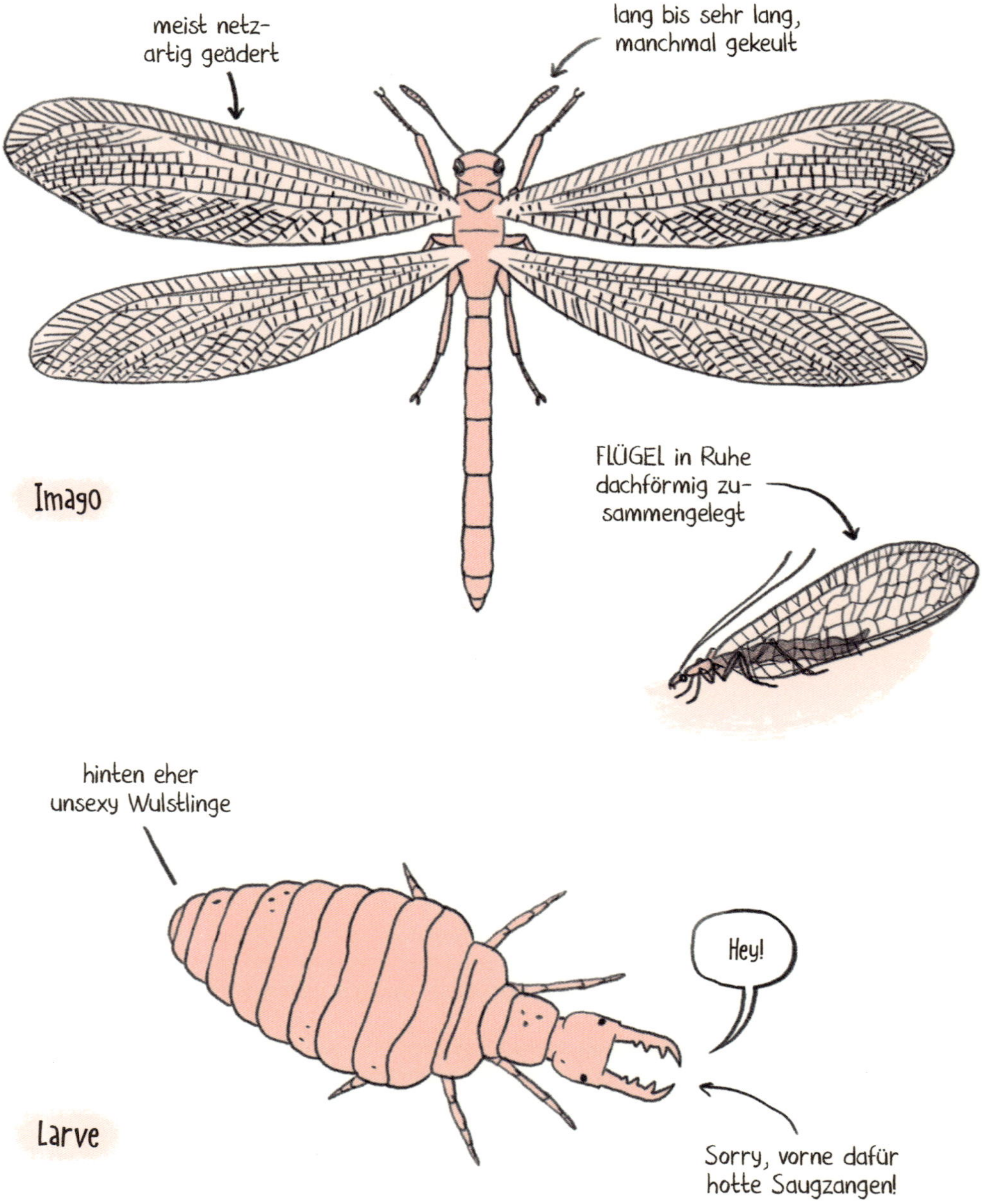

Bei uns in Mitteleuropa leben etwa 100 Arten.

Gemeine Florfliege – Chrysoperla carnea

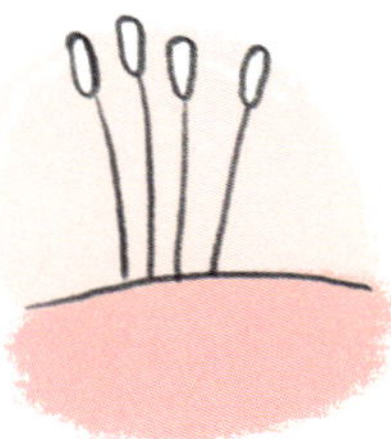

Gefleckte Ameisenjungfer – Euroleon nostras

Drei Netzflügler-Fakten To Go

Gartenfreunde aufgepasst: Auf dem Netzflügler-Speiseplan stehen je nach Art ausgewählte Leckereien wie kleinere Insekten, Ameisen, Spinnmilben, Blattläuse, Raupen, Pollen oder Honigtau.

Berühmt-berüchtigt: Der Ameisenlöwe gräbt sich einen Trichter in lockerem Sand und fängt darin Ameisen – notfalls auch, indem er sie mit Sandkörnchen beschießt und zum Straucheln bringt.

Die Larven der Netzflügler besitzen keinen After. Sie würgen unverdauliche Essensreste entweder durch den Mund wieder aus oder speichern sie im Mitteldarm. Na denn Mahlzeit.

So erkennst du Köcherfliegen [Trichoptera]

Köcherfliegen, die sind doch uninteressant, oder? So klein und unscheinbar wie die sind. Aber wusstest du zum Beispiel, dass Köcherfliegen die nächsten Verwandten der Schmetterlinge sind? Mit Köcherfliegen kann man hervorragend arbeiten, um die Qualität von Gewässern zu untersuchen, und auch im Nahrungskreislauf spielen sie eine wichtige Rolle. Köcherfliegen leben quasi das insektgewordene Understatement: leicht zu übersehen, aber durch nichts zu ersetzen.

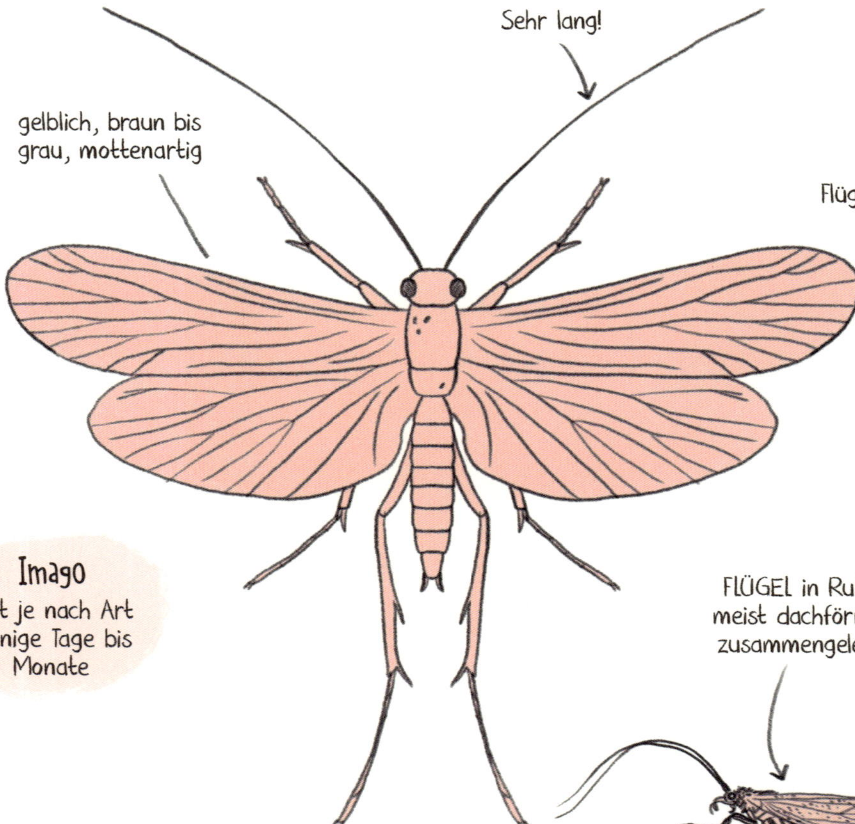

Imago
lebt je nach Art wenige Tage bis Monate

Larve
lebt bis zu einem Jahr, fast alle Arten im Wasser*

Häuslebauer: An den charakteristischen Köchern der Larven erkennt man teilweise schon die Familie oder Art.

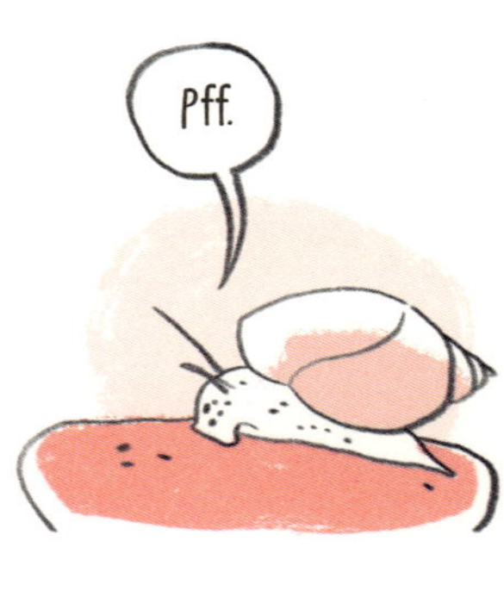

* Fließgewässer, stehende Gewässer und sogar Brackwasser!

Bei uns in Mitteleuropa leben etwa 320 Arten.

Ausgewachsene Köcherfliegen zu finden und zu bestimmen, das ist eher was für Fortgeschrittene. Aber wir können z. B. auf KÖCHERSUCHE gehen:

trägt entzückende Ensembles aus kleinen & großen Steinchen

Goera pilosa

in Bächen & bewegten Seen

trägt ganz bezaubernde Tutus aus Wasserlinsen, Holz oder lebendigen (!) Schnecken

Limnephilus flavicornis

in stehenden & langsam fließenden Gewässern

Extravaganza! Sie garniert den Köcher mit extra-langen Stöckchen.

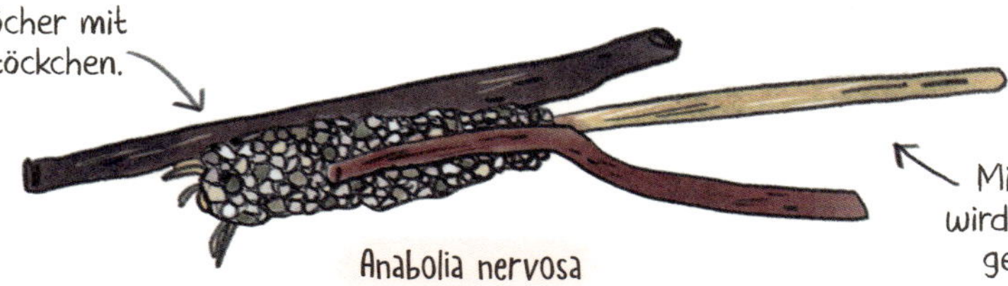

Misst bis zu 7 cm, wird daher von Fischen gemieden – clever!

Anabolia nervosa

in stehenden & fließenden Gewässern

baut akkurate Röhrchen aus feinstem Sand

Sericostoma personatum

in Bächen & Flüssen

köcherfrei, baut ein Netz in sanfte Strömungen

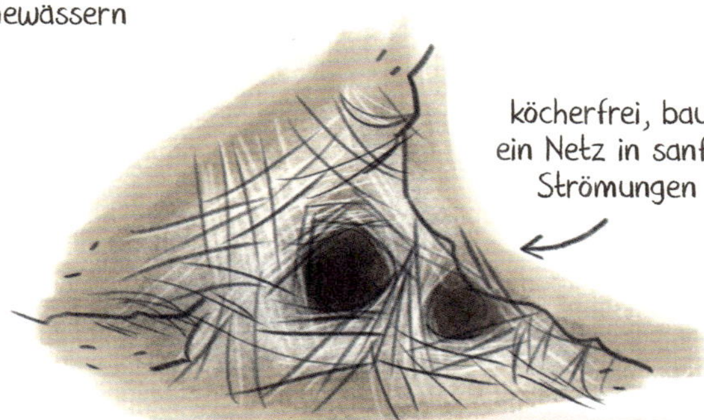

Plectrocnemia sp.

in Bächen & Flüssen

Rhyacophila sp.

Drei Köcherfliegen-Fakten To Go

Falls dir noch nie eine Köcherfliege begegnet ist, könnte das daran liegen, dass sie überwiegend nachts unterwegs sind. Auch die Larven ziehen sich tagsüber zurück. Du findest sie z. B. unter Steinen.

Die Köcher bestehen aus Spinnfäden und unterschiedlichsten Baumaterialien (Steinchen, Sand, Schilf ...). Es gibt aber auch Larven, die Driftnetze oder festsitzende Wohnröhren bauen oder gleich ganz frei leben.

Köcherfliegen setzen auf Masse. Sie sind oft auf bestimmte Gewässerabschnitte spezialisiert. In sauberen Gebirgsbächen können gerne mal mehr als 50 verschiedene Köcherfliegenarten in einem Abschnitt leben.

So erkennst du Steinfliegen [Plecoptera]

Steinfliegen sind sehr urtümliche Insekten, die im Vergleich zu ihren rasanten Verwandten immer ein bisschen tapsig wirken. Ihre Larven leben im Wasser, richtig gute Schwimmer sind sie aber nicht. Dafür sind sie sehr anspruchsvoll und gelten als wichtige Zeigerorganismen für Gewässerqualität. An Land kommen sie erst, um sich zur Imago zu häuten. Einige Arten kannst du schon im Februar draußen beobachten!

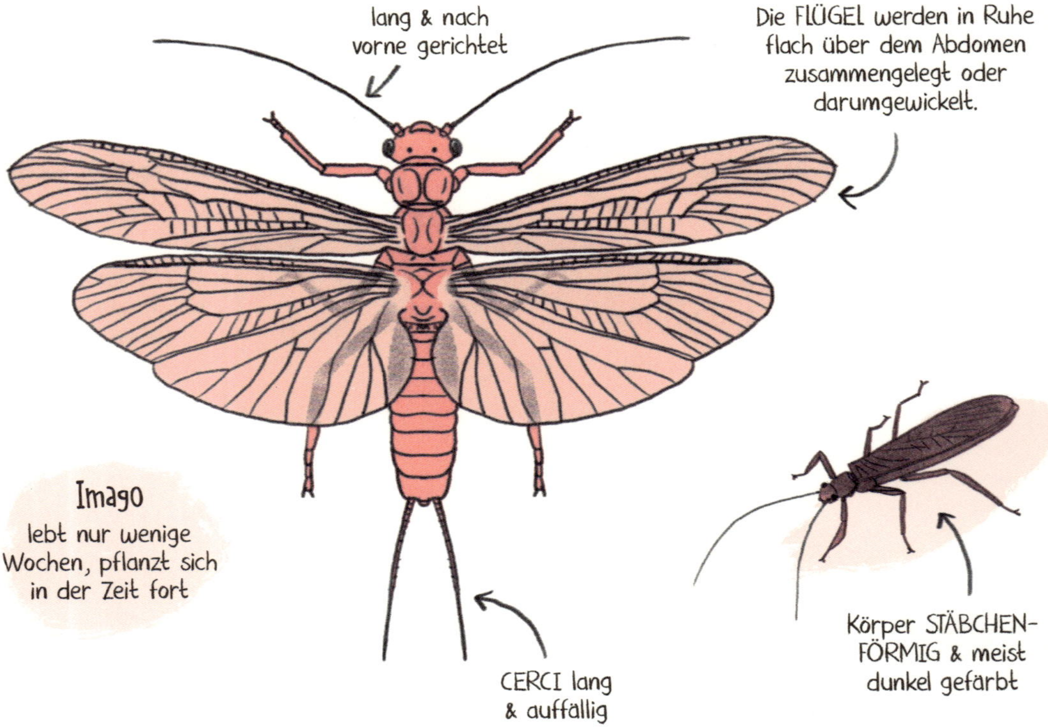

Bei uns in Mitteleuropa leben etwa 125 Arten.

Großer Uferbold - Perla marginata

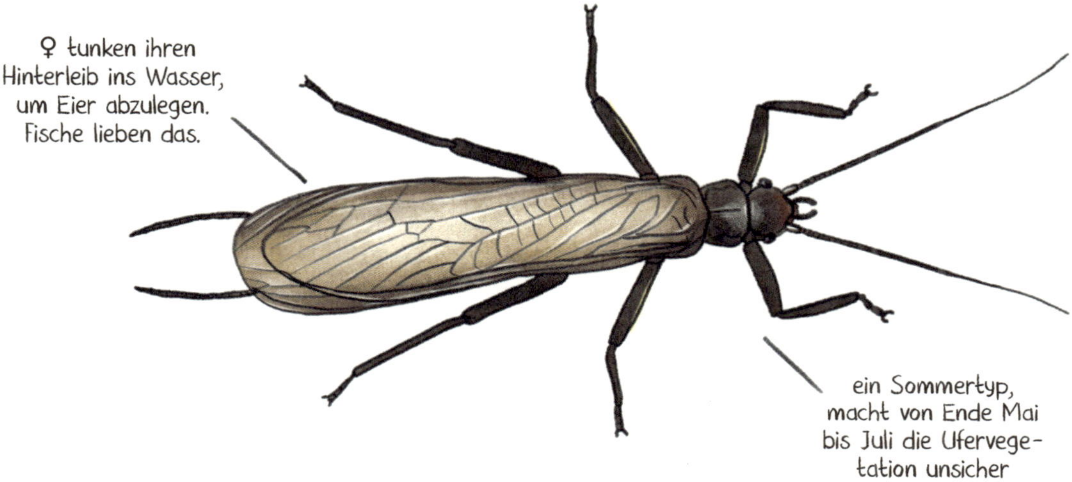

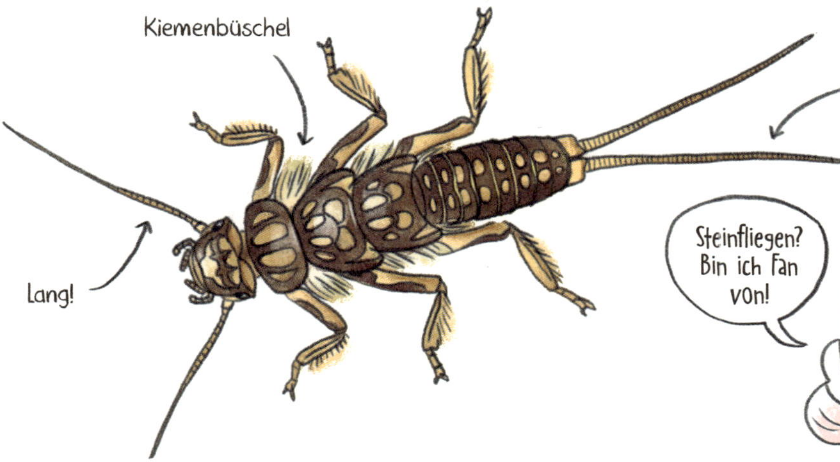

Drei Steinfliegen-Fakten To Go

Gut zu Fuß: Steinfliegen sind schlechte Flieger aber dafür ganz passable Läufer. Bei Gefahr lassen sie sich häufig einfach fallen und nehmen dann so schnell es geht Reißaus.

Im Schutz der Dunkelheit verlassen die Larven das Wasser und häuten sich ein letztes Mal. Die Larvenhäute (Exuvien) bleiben dann am Ufer zurück. Ein Blick unter Brücken lohnt sich!

Paarungsbereite Männchen trommeln mit ihrem Hinterleib Signale auf den Boden. Paarungswillige Weibchen antworten darauf und nach etlichen Trommelwirbeln finden die Liebenden irgendwann zueinander.

So erkennst du Fangschrecken [Mantodea]

Fangschrecken sind ebenso bekannt wie unverwechselbar. Ihre Größe, ihre Gestalt, ihre sagenumwobene Tödlichkeit – alles an ihnen ist beeindruckend. Uns gegenüber legen sie eine wahrhaft majestätische Gelassenheit an den Tag und lassen sich in der Regel bereitwillig beobachten. Also nutze die Chance, wenn du sie mal zu Gesicht bekommst! Diese Begegnung wirst du nie wieder vergessen. Dank der zunehmend warmen Sommer breiten sie sich auch bei uns immer weiter aus.

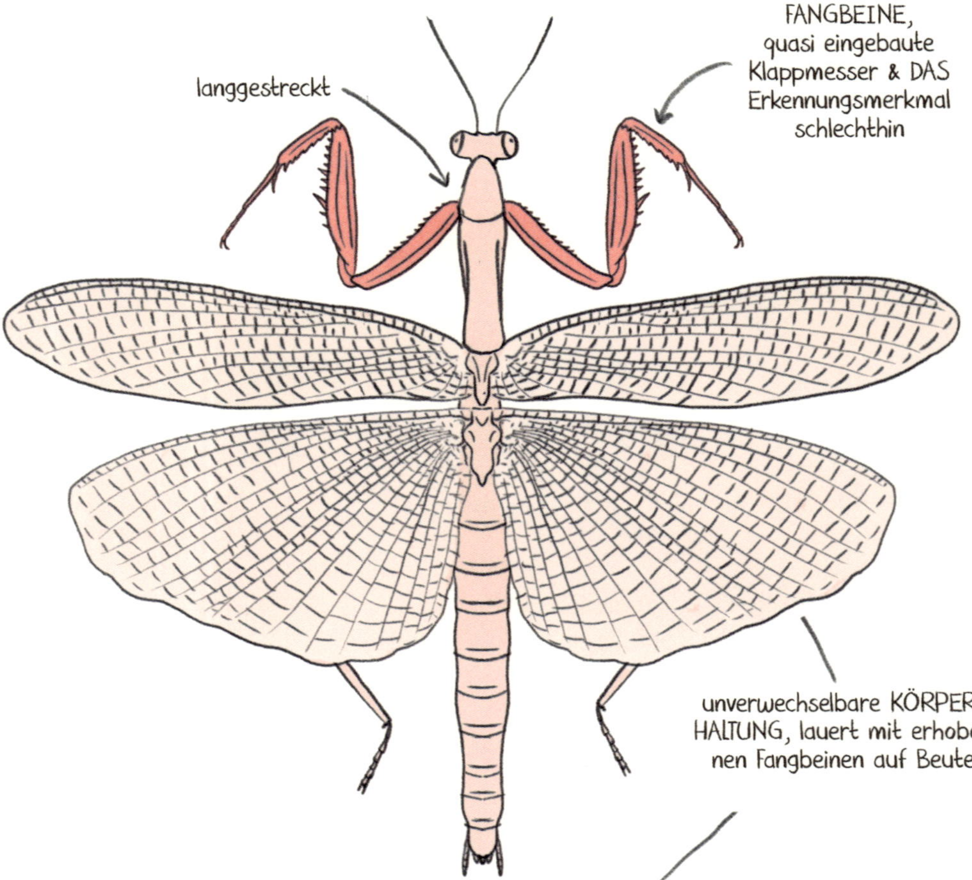

Die Fangschrecke ist perfekt an das Leben als Lauerjäger angepasst. Ihr entgeht fast nichts:

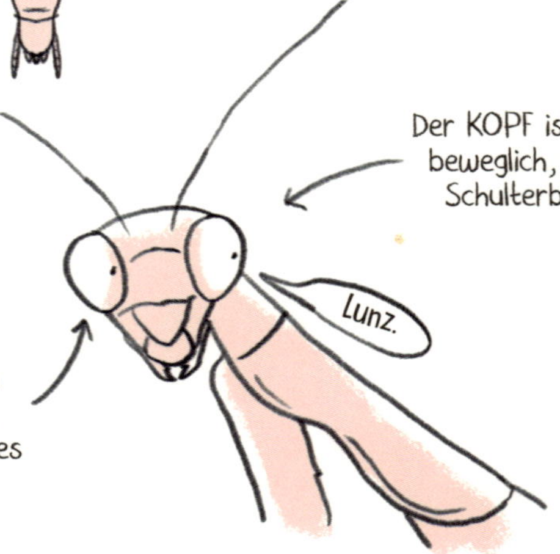

Bei uns in Mitteleuropa lebt eine Art.

Europäische Gottesanbeterin – *Mantis religiosa*

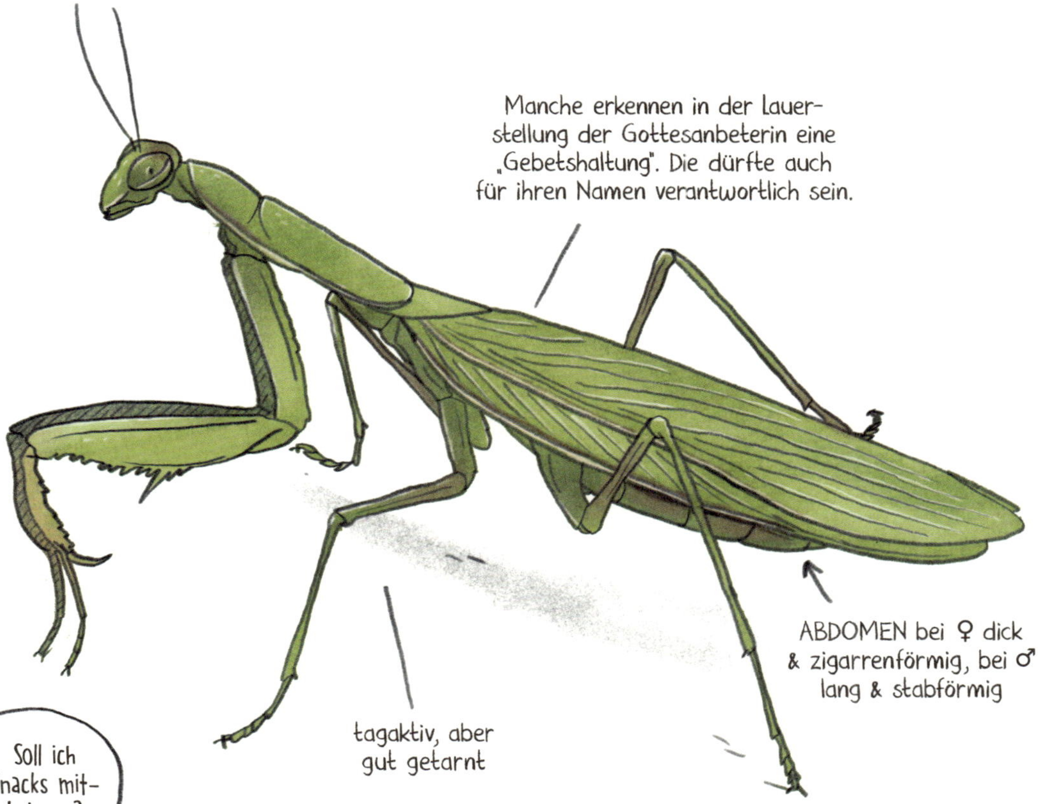

Drei Fangschrecken-Fakten To Go

Fangschrecken bewegen sich eher langsam und graziös durchs Blätterwerk. Zuschlagen können die gut getarnten Lauerjäger mit ihren muskulösen Fangbeinen aber blitzschnell (innerhalb von 0,1 Sekunden).

Gottesanbeterinnen haben einen mordsmäßigen Appetit. In Gefangenschaft werden gerne auch mal paarungswillige Männchen verspeist. Im Freiland stehen deren Fluchtchancen deutlich besser.

Die meisten Arten setzen zur Jagd und zur Abwehr hungriger Feinde auf Tarnung. Manche Arten drohen mit erhobenen Fangbeinen, aber wenn sie können, ziehen sie im Notfall die Flucht vor.

So erkennst du Ohrwürmer [Dermaptera]

Möglicherweise willst du jetzt einwerfen, dass Ohrwürmer doch gar keine Würmer sind. Richtig. Durch ihr langgestrecktes, größtenteils unbedecktes Abdomen sehen sie nur so ähnlich aus. Im Mittelalter wurden die getrockneten und zerriebenen Insekten zur Heilung von Ohrenkrankheiten verabreicht – eine durchaus fantasievolle Methode, die aber nie von Erfolg gekrönt gewesen sein dürfte.

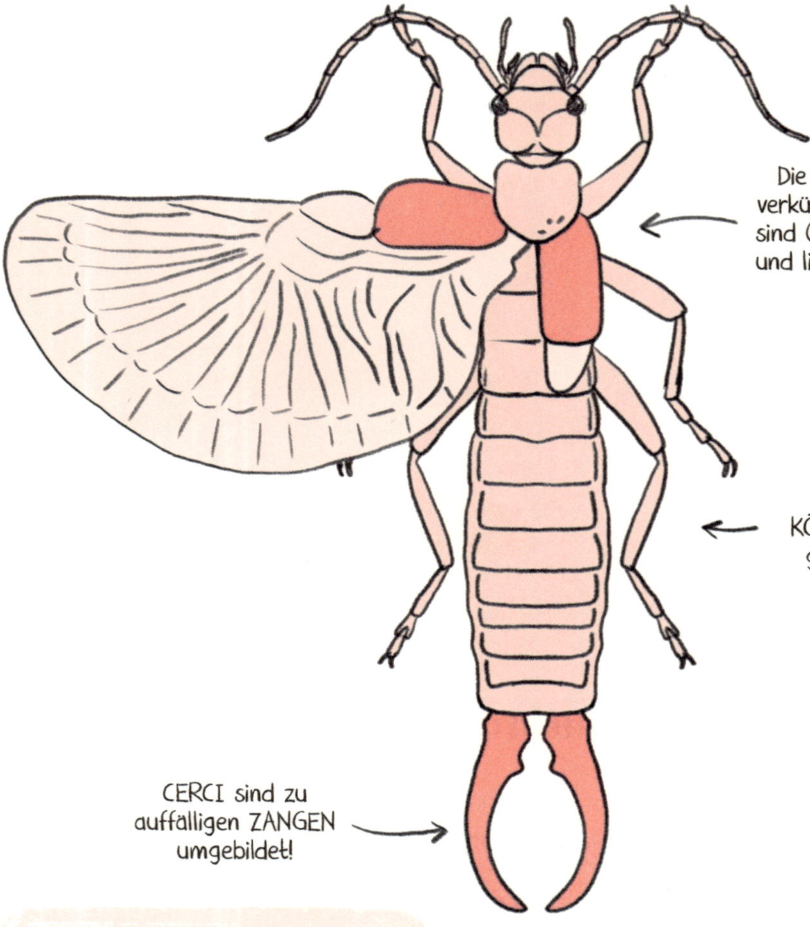

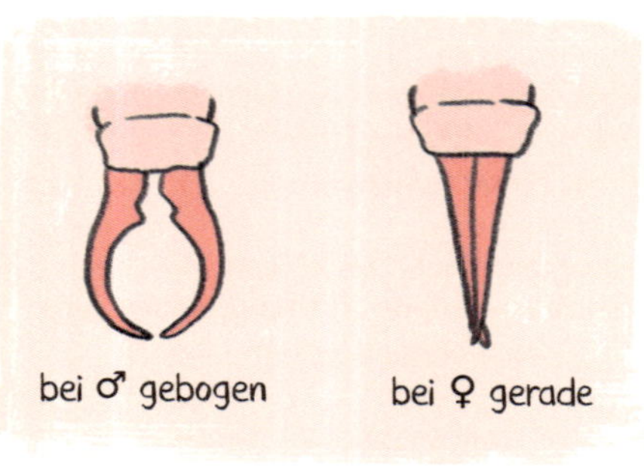

Bei uns in Mitteleuropa leben etwa acht Arten.

Gemeiner Ohrwurm – Forficula auricularia

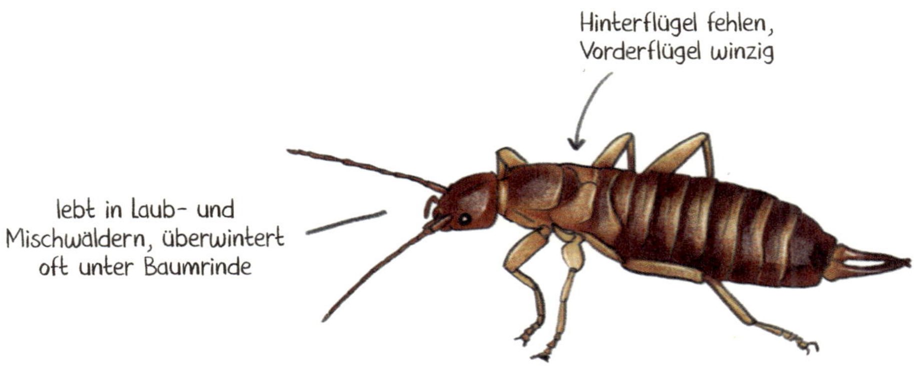

Waldohrwurm – Chelidurella acanthopygia

Drei Ohrwurm-Fakten To Go

Die Zangen sind ein echtes Multifunktionstool. Sie können zur Verteidigung drohend erhoben werden, dienen gelegentlich als Essbesteck oder als Entfaltungshilfe für die Hinterflügel.

Ohrwürmer schnabulieren gerne Blattläuse und Mehltaupilze. Mit Stroh und etwas Erde gefüllte Blumentöpfe, in Pflanzennähe angebracht, sind die perfekte Ohrwurm-Wohnanlage* im Garten.

Bei Ohrwürmern ist Brutfürsorge weit verbreitet. Sie bewachen und betreuen ihre Gelege in einer eigens dafür angelegten Höhle. Manchmal stellen sie auch Nahrung für die Larven bereit.

* siehe Seite 115

So erkennst du Schaben [Blattoptera]

Schaben sind für viele der Inbegriff der Widerwärtigkeit: zu schnell, zu groß, zu viele ... zu oft dort unterwegs, wo es eklig wird. Und tatsächlich, ein Schabenbefall in Gebäuden ist problematisch. Allerdings betrifft das längst nicht alle Arten. Ob es uns gefällt oder nicht: Schaben sind ein absolutes Erfolgsmodell der Natur. Genügsam, anpassungsfähig und extrem belastbar krabbeln sie seit über 300 Millionen Jahren nahezu unverändert über diesen Planeten. Respekt dafür!

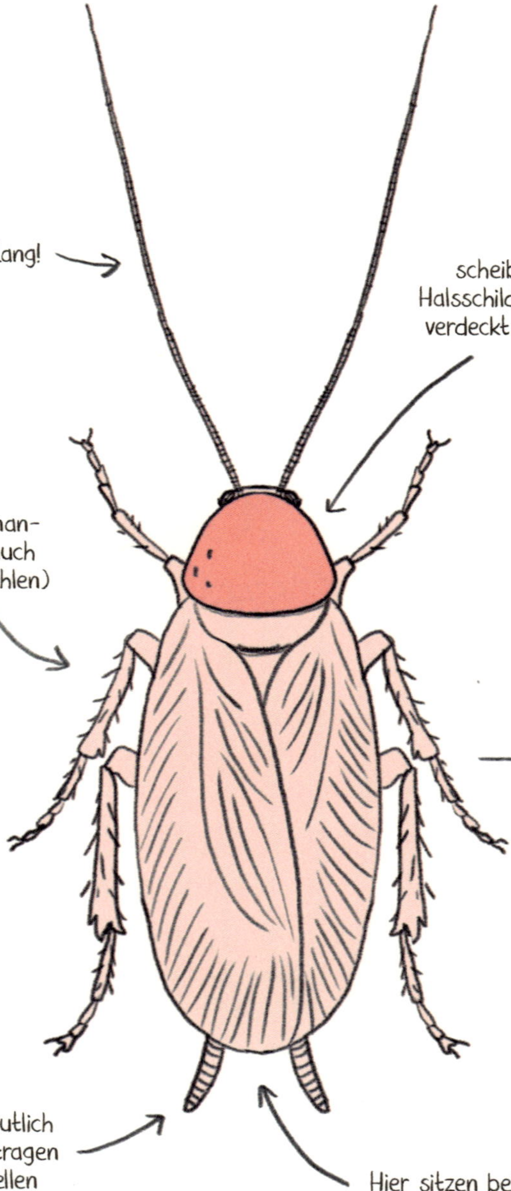

Bei uns in Mitteleuropa leben etwa 15 Arten.

Deutsche Schabe - Blattella germanica

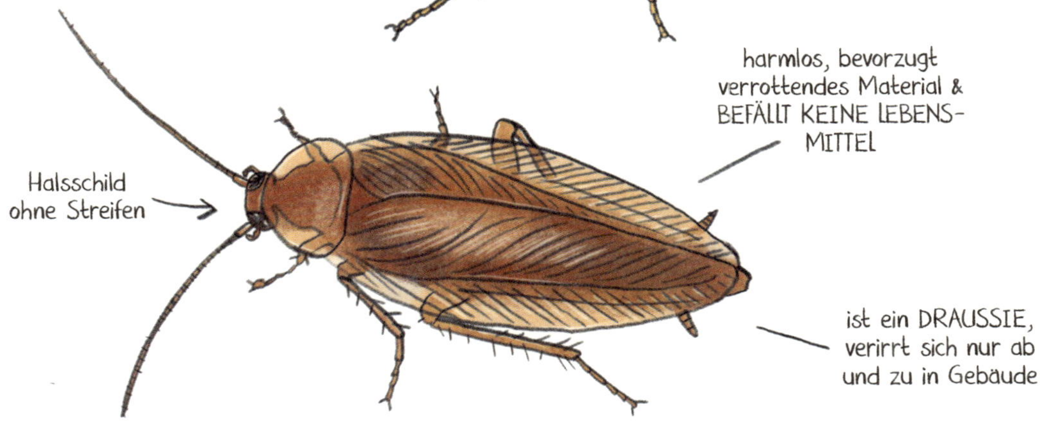

Waldschabe - Ectobius vittiventris

Drei Schaben-Fakten To Go

Die Deutsche Schabe, die Küchenschabe und die Amerikanische Schabe gelten als Schädlinge, weil sie Lebensmittel verunreinigen und Keime verbreiten können. Sie leben in Gebäuden und vermehren sich schnell.

Viele Schaben sind Allesfresser. Sie befallen organische Materialien aller Art: bevorzugt Lebensmittel, aber in der Not nehmen sie auch mit Papier, Leder, Wolle oder anderen Textilien vorlieb.

Schaben sind Überlebenskünstler und können sich gut anpassen. Biologische Strahlung, Druck oder Gifte können ihnen erstaunlich wenig anhaben. Nur Tageslicht mögen viele Arten nicht.

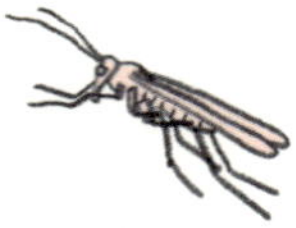

So erkennst du Schnabelfliegen [Mecoptera]

Bei uns in Mitteleuropa leben etwa 10 Arten.

Schnabelfliegen sind alles andere als schnäkig. Sie fressen das, was bei anderen übrig bleibt, knabbern auch mal am Moos oder schnatzeln der ein oder anderen Spinne ihr Essen aus dem Netz. Das ist in zweierlei Hinsicht erstaunlich, denn einerseits scheinen sich die Schnabelfliegen nicht in den klebrigen Netzen zu verheddern, andererseits werden sie von den Spinnen durchaus wahrgenommen, aber geduldet.

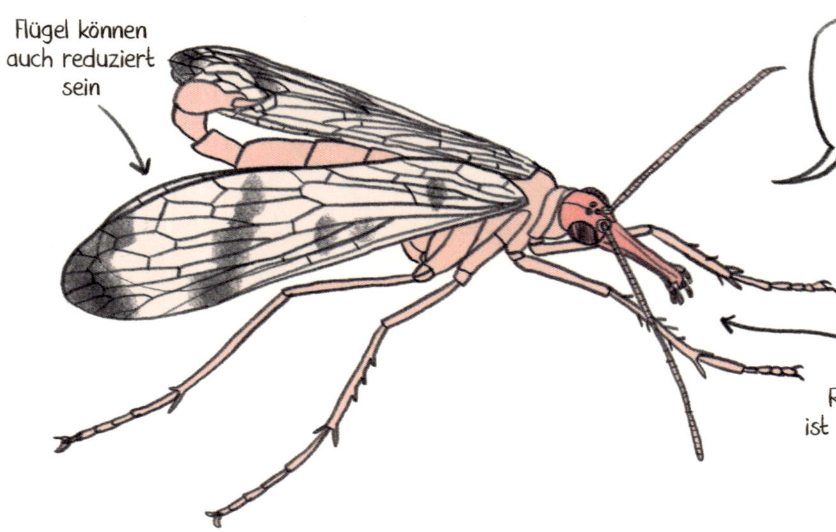

Gemeine Skorpionsfliege - Panorpa communis

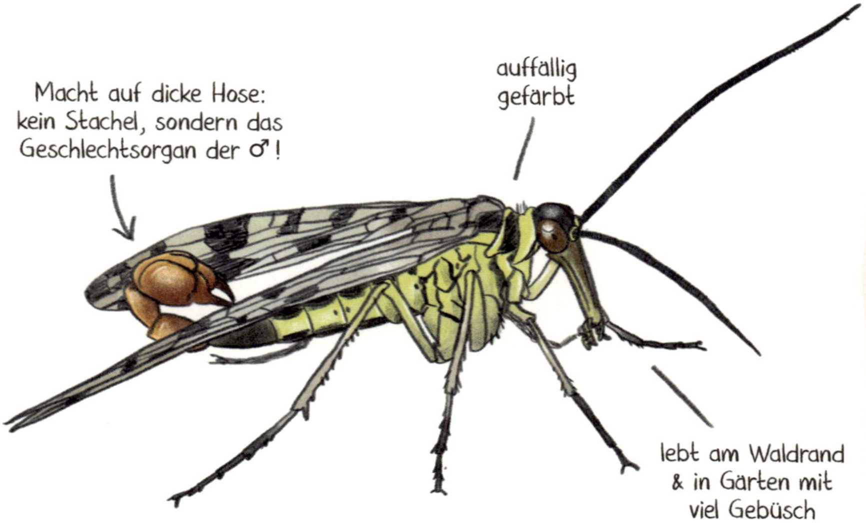

So erkennst du Fischchen [Zygentoma]

Bei uns in Mitteleuropa leben etwa 5 Arten.

Fischchen sind kleine, ursprüngliche Insekten mit einem verhältnismäßig einfachen Körperbau. Sie bevorzugen eine warme, dunkle und feuchte Umgebung, daher begegnest du ihnen bei uns häufig in Gebäuden. Fischchen haben eine große Schwäche für Kohlenhydrate. Neben Hausstaub, Schimmel und Milben vertilgen sie auch Zucker, Papier, Leim oder Kleidung. Die wuseligen kleinen Kerlchen können bis zu fünf Jahre alt werden!

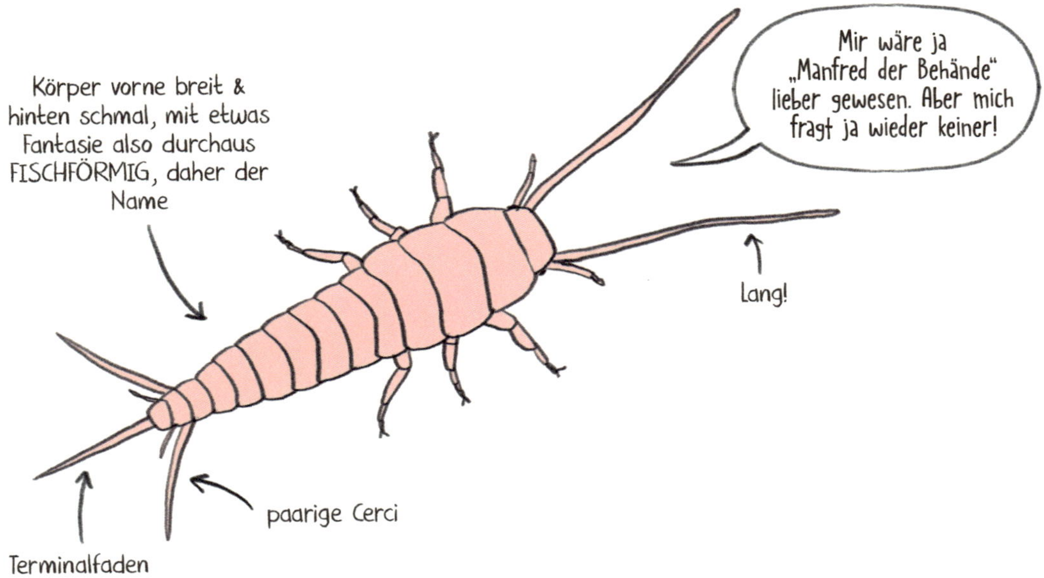

Silberfischchen – Lepisma saccharina

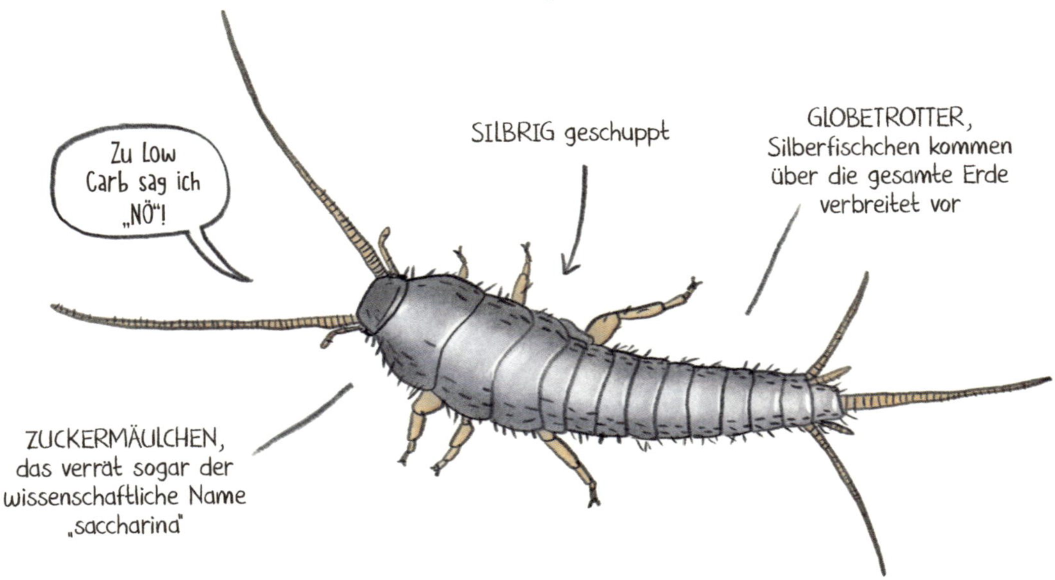

Level up!

Was du mit deinem Insektenwissen so anstellen kannst.

1. Du kennst die wichtigsten Grund- und Verhaltensregeln im Umgang mit Insekten.

2. Du kannst einschätzen, welche Ausrüstungsgegenstände du WIRKLICH brauchst, wie du sie auswählst und wofür du sie benutzen kannst.

3. Du weißt, wann und wo du nach Insekten suchen kannst.

4. Du kennst die wichtigsten Bestimmungsmerkmale und (körperlichen) Eigenschaften, die dir helfen können, ein Insekt besser einzuordnen.

5. Du verstehst, was Insekten zum Leben brauchen und welche wichtige Rolle sie in der Natur und auch für uns spielen.

Höchste Zeit also, rauszugehen und deine ersten eigenen Beobachtungen zu machen. Schnapp dir, was du unbedingt brauchst, und dann ran an die Insekten!

Je häufiger du in der Natur unterwegs bist, desto VERBUNDENER wirst du dich ihr fühlen. Das tut tatsächlich einfach gut. Es macht Spaß und entspannt. Und es ist wichtig, denn Insekten brauchen uns und wir brauchen sie. So einfach ist das. Und so kompliziert.

Heimlich, still und leise ...

... verschwinden die Insekten aus dieser Welt und äh ... naja, irgendwie sind wir daran nicht ganz unschuldig. Die Gesamtbiomasse der Fluginsekten in deutschen Schutzgebieten ist zum Beispiel in den vergangenen 30 Jahren stellenweise um bis zu 70 % zurückgegangen. Zeitgleich erleben wir einen Rückgang der Artenvielfalt. Knapp 40 % aller heimischen Insektenarten gelten bei uns als bestandsgefährdet, extrem selten oder bereits ausgestorben.

Heute sind knapp 80 % unserer BODENFLÄCHE großteils intensiv genutzte Land- und Forstwirtschaftsflächen. Vielfältige, mäßig bewirtschaftete Lebensräume sind selten geworden. Ausgewiesene Schutzgebiete machen gerade einmal 4 % der Landesfläche aus.

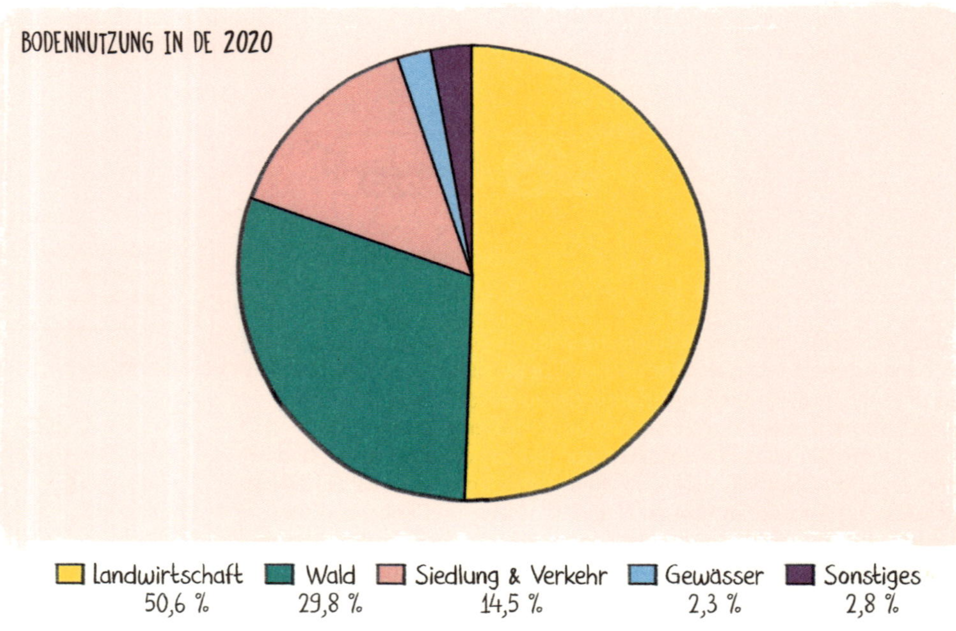

Das war nicht immer so. Während lange Zeiten extensiver Nutzung die Entstehung abwechslungsreicher Lebensräume förderten und Erholungsmöglichkeiten für Pflanzen- und Tiergesellschaften boten, bewirkt die heutige, anhaltend intensive Nutzung unserer Flächen und Ressourcen das genaue Gegenteil. Neben dem Habitatsverlust durch Trockenlegung von Feuchtgebieten und Mooren haben Insekten u. a. hiermit zu kämpfen:

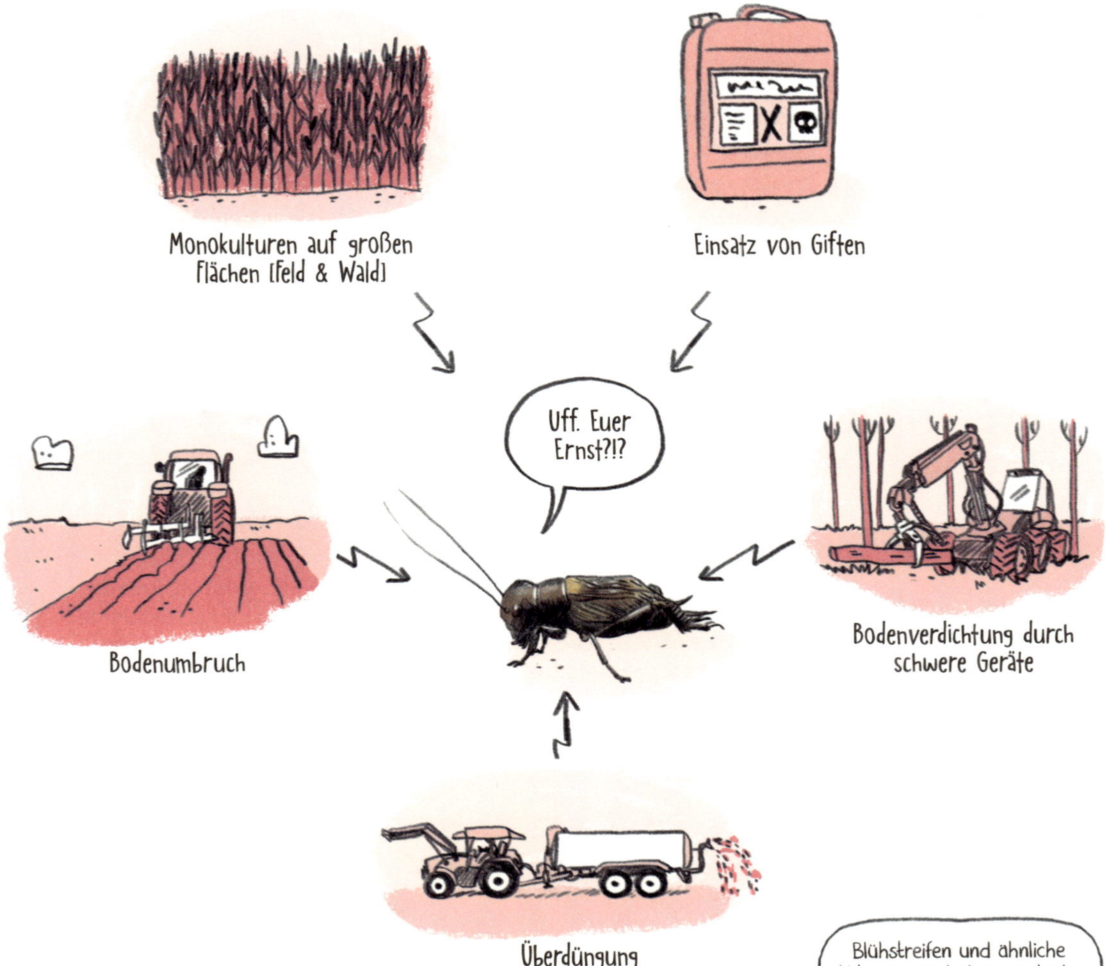

Die BIODIVERSITÄT, also die biologische Vielfalt, ist auch bei uns auf allen Ebenen gefährdet: auf genetischer Ebene durch weniger Lebewesen pro Art, auf Artenebene durch deren Verschwinden und auf Ebene der Lebensräume durch die Vereinheitlichung unserer Landschaften. Langfristig wird den Insekten nur der Erhalt natürlicher und naturnaher LEBENSRÄUME wirklich helfen, unbedingt auch AUSSERHALB von Schutzgebieten und im großen Maßstab. Ideen und Konzepte für einen nachhaltigen Umbau von Landnutzung gibt es, aber die Umsetzung lässt noch auf sich warten. Das bedeutet aber glücklicherweise nicht, dass uns in der Zwischenzeit die Hände gebunden sind ...

Join the team!
Fünf Tipps, wie du dich einbringen kannst

1. MITLESEN & UNTERSTÜTZEN

Fachorganisationen (z. B. DINA*, NABU) und Vereine bieten dir eine interessante Auswahl an Exkursionen und Veranstaltungen an. Kontakte kannst du meist direkt in deiner Umgebung knüpfen. Aber auch private Blogs oder Netzwerke wie OBSERVATION oder NATURGUCKER sind definitiv mehr als nur einen Blick wert. Auf Riffreporter.de kannst du dich überregional über Artenschutz und aktuelle Umweltthemen informieren.

2. DATEN SAMMELN & WEITERGEBEN

Die Insekten- und Biodiversitätsforschung braucht dringend große Datensätze, um verlässliche Aussagen (z. B. über Bestandsentwicklungen) machen zu können. Diese Daten werden auch von ehrenamtlich Tätigen gesammelt, betreut und gemeldet. Als Laie kannst du dich an Aktionen wie dem NABU Insektensommer beteiligen oder deine Hilfe bei Großprojekten wie DINA anbieten. So kannst du ganz unmittelbar etwas zur Unterstützung der Wissenschaft beitragen.

* DINA ist ein Verbundforschungsvorhaben zum Insektenschwund und steht für Diversität von Insekten in Naturschutz-Arealen.

3. VOR ORT DABEI SEIN

Exkursionen und Events sind eine gute Anlaufstelle, um Neues zu entdecken und gleichgesinnte Menschen kennenzulernen. Kreative Köpfe wie Kim Mortega oder Dominik Eulberg informieren zum Beispiel auf ungewöhliche und spannende Art über Umweltthemen.

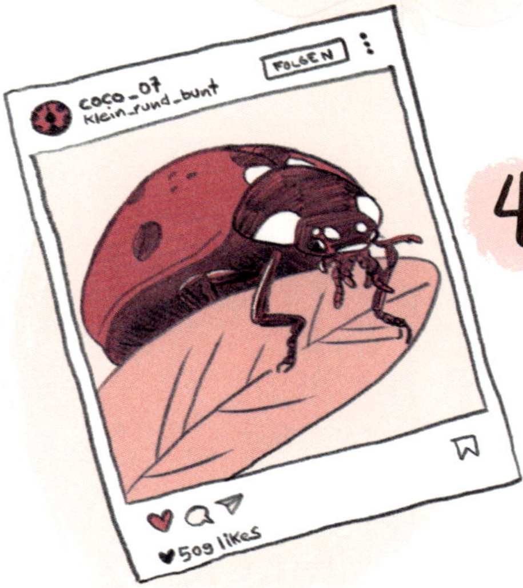

4. KONTAKTE KNÜPFEN

Viele Menschen, die für Insekten brennen, sind auf den sozialen Netzwerken oder auf Plattformen wie iNaturalist aktiv. Hier findest du immer aktuelle Infos rund um Insekten – auch aus deiner Region. Du erfährst, wann und wo bestimmte Arten gerade besonders gut beobachtet werden können, und kannst dich bei Interesse weitervernetzen.

5. RÜCKZUGSRÄUME SCHAFFEN

Erteil dir die Lizenz zum Unordentlich-Sein! Blühende Wildpflanzen, naturnahe Hecken und Nisthilfen werden von Insekten gut angenommen. Laubhaufen und ungemähte Wiesen sind echte Oasen für viele Wildtiere. Im Gegenzug bekommst du viele Beobachtungsgelegenheiten frei Haus.

Wie du Insekten zu dir nach Hause holst.

In deinem Garten, aber auch auf deinem Balkon und sogar in einem Blumenkasten oder auf einer Baumscheibe am Straßenrand (Infos dazu bekommst du beim zuständigen Grünflächenamt.) lassen sich Rückzugsorte für Insekten schaffen. So bekommst du deine tägliche Dosis Natur bald frei Haus geliefert:

BLÜHENDER EFEU IM HERBST
OHRWURM-WOHNANLAGE
SCHWEBFLIEGEN-LAGUNE
INSEKTENTRÄNKE
FEUCHTER LEHM
OFFENE BODENFLÄCHEN
FISCHFREIER TEICH ODER TÜMPEL
Verzichte auf GIFTE. Stattdessen kannst du Schädlinge mit guter Kulturführung kleinhalten. Setze auch DÜNGER nur sparsam ein.
STÄNGEL bleiben im Herbst stehen. So dienen sie als Winterquartiere.

Vier Ideen für Insekten-Nistplätze

So vielseitig wie die Insektenwelt ist, so unterschiedlich sind auch die Ansprüche einzelner Arten an geeignete Brutplätze. Wuchernde Hecken und verrottende Bäume sind aus Insektensicht attraktiver als hübsche Bienenhäuschen. Falls du kreativ werden willst, hier ein paar Anregungen:

1.

Diese Art NISTHILFE kennst du sicher schon. Sie bietet vor allem Arten Platz, die ihre Brutkammern in Hohlräumen anlegen.

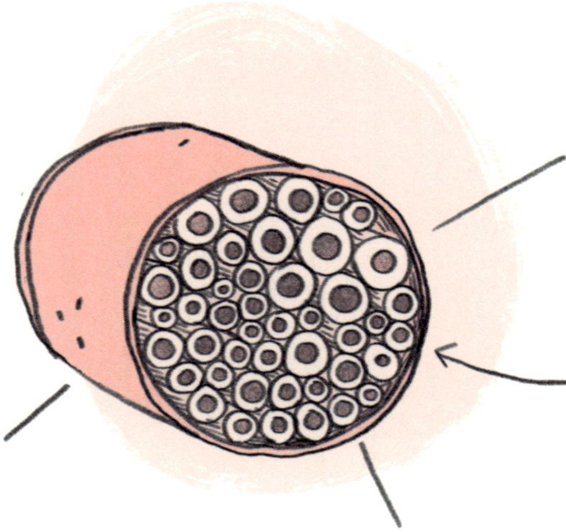

TIPP: Nisthilfen fest anbringen & sonnig, wind- & regengeschützt aufstellen, z. B. in einem alten Regal oder unter einem Dachvorsprung.

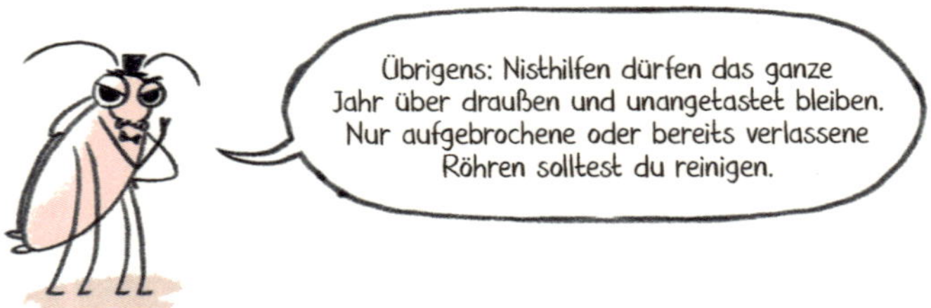

2.

Andere Arten nisten nur in MARKHALTIGEN, DÜRREN ZWEIGEN, z. B. von Heckenrose oder Brombeere.

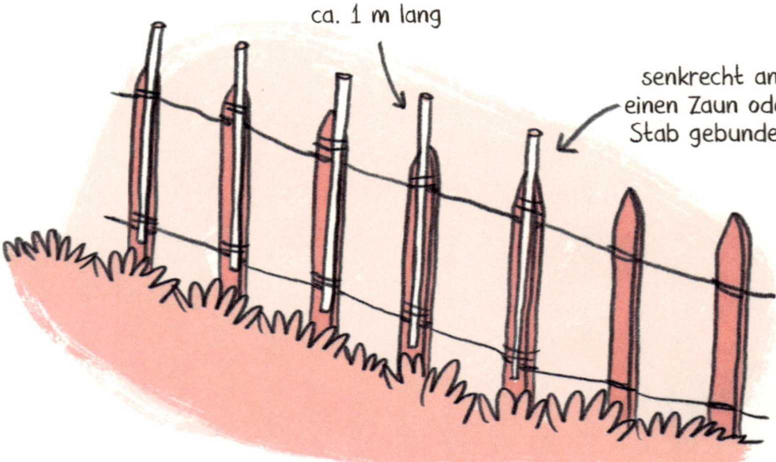

Weitere ausführliche Bauanleitungen findest du im Netz, z. B. auf wildbienen.info.

3.

TOTHOLZ wird vielseitig genutzt. Es dient über viele Jahre hinweg u. a. als Nistplatz oder Futterquelle.

4.

Der BODEN wird oft unterschätzt. Hier nistet z. B. der Großteil der nestbauenden Wildbienen-Arten.

Futterpflanzen: regional & bio, bitte

Das schönste Nistangebot bringt nichts, wenn nicht auch geeignetes Futter da ist. Egal ob Wildblumenmischung, Strauch oder Staude, geeignet bedeutet hier in erster linie HEIMISCH. Verzichte lieber auf gefüllte Blüten und Pflanzen aus anderen Erdteilen. Welche Arten sich für einen Insektengarten eignen, kannst zu beispielsweise beim NABU, in einigen Insektenführern oder auf Fachblogs nachlesen.

Kennen, schätzen, schützen

Ein bisschen Zeit und Geduld – mehr braucht es nicht, damit sich Insekten in dein Herz wuseln können. So werden mit der Zeit aus suspekten Krabbeltieren gute Bekannte, manchmal sogar Freunde. Und davon haben dann alle was.

Denn es ist doch so: Nur was wir kennen, können wir schätzen. Nur was wir schätzen, wollen wir bewahren. So bleibt uns die Insektenwelt in all ihrer Pracht und Vielfalt noch lange Zeit erhalten. Willkommen an Bord. Deine Reise fängt jetzt so richtig an.

Lesestoff

Auf Papier

Heiko Bellmann (2018): Der Kosmos Insektenführer.
Fast 9.000 Arten, häufig auch mit Larven oder Puppen. 1. Auflage,
Stuttgart: Franckh-Kosmos Verlags-GmbH & Co. KG

Paul Brohmer (2000): Fauna von Deutschland.
Ein Bestimmungsbuch unserer heimischen Tierwelt. 20. Auflage,
Wiebelsheim: Quelle & Meyer Verlag GmbH & Co.

Frauke Fischer, Hilke Oberhansberg (2021): Was hat die Mücke je für uns getan?
Endlich verstehen, was biologische Vielfalt für unser Leben bedeutet. 3. Auflage,
München: oekom verlag, Gesellschaft für ökologische Kommunikation mbH

Rick Imes (1992): The practical entomologist.
An introductory guide to observing and understanding the world of insects.
1. Auflage, London: Quarto Publishing plc

Fiona Kiss, Andreas Steinert (2021): Wer knabbert da an meinem Gemüse?
Von Plagegeistern und kleinen Helfern. Pflanzen schützen, Gleichgewicht
fördern, Vielfalt begrüßen. 1. Auflage,
Innsbruck: Löwenzahn in der Studienverlag Ges.m.b.H.

Rainer Ulrich (2022): Wer flattert hier?
132 Schmetterlinge beobachten und bestimmen. 1. Auflage,
Stuttgart: Franckh-Kosmos Verlags-GmbH & Co. KG

Anne Schneider, Eberhard Schneider (2020): Schöne Insektenwelt.
Ihre Vernichtung und was wir dagegen tun können. 1. Auflage,
München: oekom verlag, Gesellschaft für ökologische Kommunikation mbH

Rainer Ulrich (2018): Tagaktive Nachtfalter.
Der erste Bestimmungsführer für die Arten Mitteleuropas. 1. Auflage,
Stuttgart: Franckh-Kosmos Verlags-GmbH & Co. KG

Winfried Westheide, Reinhard Rieger Hrsg. (1996): Spezielle Zoologie.
Teil 1: Wirbellose Tiere. korrigierter und ergänzter Nachdruck 2004,
Heidelberg · Berlin: Spektrum Akademischer Verlag

- - -

Seth M. Bybee, Quinn Hansen, Sebastian Büssem, Haley M. Cahill Wightman, Marc A. Branham (2015): For consistency's sake: the precise use of larva, nymph and naiad within Insecta.
Systematic Entomology 40-4, S. 667-670

Michèle Ecuyer, Pierre-André Varone, Sonja Gerber, Antoine Gander (2021): Insekten Bestimmungsschlüssel. entdecken · betrachten · bestimmen
Basel: Pro Natura Schweiz

luke T. McDonald , Ewan D. Finlayson , Bodo D. Wilts and Pete Vukusic (2017): Circularly polarized reflection from the scarab beetle Chalcothea smaragdina: light scattering by a dual photonic structure. Interface Focus 7: 20160129

Caspar A. Hallmann , Martin Sorg, Eelke Jongejans, Henk Siepel, Nick Hofland, Heinz Schwan, Werner Stenmans, Andreas Müller, Hubert Sumser, Thomas Hörren, Dave Goulson, Hans de Kroon (2017): More than 75 percent decline over 27 years in total flying insect biomass in protected areas. PLOS ONE 12(10): e0185809

Im Netz

AMATEUR EMTOMOLOGIST SOCIETY: Grundlagen der Insekten-beobachtung. https://www.amentsoc.org (letzter Zugriff 10.12.2021)

BUNDESMINISTERIUM FÜR UMWELT, NATURSCHUTZ, NUKLEARE SICHERHEIT UND VERBRAUCHERSCHUTZ
Themensammlung Insekten: https://www.bmu.de/faqs/insektenschutz/ (letzter Zugriff 10.12.2021)

DIVERSITÄT VON INSEKTEN IN NATURSCHUTZ-AREALEN
Was ist DINA: https://www.dina-insektenforschung.de
(letzter Zugriff jeweils 10.12.2021)

HELMHOLTZ ZENTRUM FÜR UMWELTFORSCHUNG - Bestimmungshilfe Tagfalter-Monitoring: https://www.ufz.de/tagfalter-monitoring/index.php?de=41776 (letzter Zugriff 10.12.2021)

INSEKTENBOX: Fotos und Angaben zur Lebensweise von über 4.000 Insektenarten: http://www.insektenbox.de/index.html
(letzter Zugriff 10.12.2021)

KRABBELOT: Wissenswertes über die Insekten und Spinnen in Deutschland
https://www.krabbelot.de (letzter Zugriff 10.12.2021)

NABU - NATURSCHUTZBUND DEUTSCHLAND E.V.

Übersicht wichtiger Websites und Foren: https://www.nabu.de/tiere-und-pflanzen/insekten-und-spinnen/info/24859.html
NABU Insektensommer: https://www.nabu.de/tiere-und-pflanzen/aktionen-und-projekte/insektensommer/
NABU Insektentrainer: https://insektentrainer.nabu.de/insektenbestimmungsschluessel/
Themensammlung „Insekten helfen": https://www.nabu.de/tiere-und-pflanzen/insekten-und-spinnen/insekten-helfen/index.html
(letzter Zugriff jeweils 10.12.2021)

NATURSCHUTZBUND ÖSTERREICH - Bestimmungshilfe Hummeln:
https://naturschutzbund.at/projekte-des-bienenschutzfonds/articles/hummeln-kennen-erforschen-und-schuetzen.html
(letzter Zugriff 10.12.2021)

LMU MÜNCHEN, FAKULTÄT FÜR BIOLOGIE
Online Tutorials zum Einsatz und Nachbau von Fangmethoden für Insekten und andere wirbellose Tiere: https://www.biologie.uni-muenchen.de/studium/lehrerbildung_lmu/ideenfinder/fangmethoden-fuer-insekten/index.html (letzter Zugriff 10.12.2021)

WEITERE INFOS ZU EINZELNEN GRUPPEN gefällig?

Ameisen: http://www.antbase.net/
Libellen: https://libellenwissen.de
Steinfliegen: http://www.plecoptera.de/Allgemeines/allgemeines.html
Wildbienen: https://www.wildbienen.info
Zikaden: http://www.zikaden.uni-oldenburg.de/pages/wissen.html

(letzter Zugriff jeweils 10.12.2021)

SCINEXX: Farbe ohne Farbe - Wie funktioniert Interferenz?
https://www.scinexx.de/service/dossier_print_all.php?dossierID=91788
(letzter Zugriff 10.12.2021)

Dank

Im Dezember

Heute also tippe ich die letzten Zeilen in mein Manuskript. Danach heißt es wieder warten. Und so nutze ich die Zeit bis zum Erscheinen des Buches, um all jenen wundervollen Menschen Aufmerksamkeit zu schenken, die mich in den vergangenen Monaten bei der Arbeit an diesem Projekt begleitet haben. Denn eines ist klar: Ohne Fachleute, Familie und ein wohlwollendes, wertschätzendes Umfeld hätte ich „Insektenwelt für Ahnungslose" unter Pandemiebedingungen nicht schreiben und vollenden können.

An erster Stelle steht meine Familie: Ihr seid Testpublikum, Ruhepol und manchmal auch willkommene Ablenkung. Danke Wend, für deine Unterstützung und didaktische Expertise, für konstruktive Kritik und Begeisterungsfähigkeit. Danke Titus und Wilma, dass ihr mich die Welt durch eure Augen neu erleben lasst. Ich lerne jeden Tag von euch und ich hoffe, ich lerne nie aus. Ich danke meinen Eltern von Herzen. Ihr habt uns den Rücken frei gehalten wann immer es möglich war und so diesem Buch auf die Beine geholfen.

Danke an das Team bei KOSMOS: für euer Vertrauen, euren Mut, neue Wege zu beschreiten und eure Wertschätzung. Lisa, du coole Socke. Danke für die Freiheiten, die du mir in jeder Hinsicht gelassen hast, deine unermüdliche Organisation und die besten Passwörter. Danke Claudia und Birgitta für emotionalen und kulinarischen Support in der Coronazeit. You made my days. Danke an die Naturis für kontinuierliches anfeuern und bei der Stange halten. Danke an Grafik-Maschine Mathis für deine formidablen Umschlag-Layouts und an Markus für die Herstellung. Ich bleibe dabei: KOSMOS ist eine wunderbare Heimat für mich als Autorin und Comiczeichnerin. Wer hätte gedacht, dass eine zufällige Fahrt bei der Mitfahrzentrale einmal solche Früchte tragen würde ...

Mein besonderer Dank gilt auch Julian Enß und Thomas Hörren für eure kostbare Zeit und unbezahlbare Expertise. Julian, du hast dieses Buch mit deiner Erfahrung und deinen klugen Anmerkungen eine ganze Ecke besser gemacht. Thomas, trotz prall gefülltem Terminkalender hast du mir Zeit geschenkt um über den aktuellen Stand der Biodiversität in Deutschland zu sprechen. Dadurch konnte ich dieses so wichtige Thema guten Gewissens angehen.

Ich danke dir Mark, für dein fulminantes Vorwort, das ansteckt und Begeisterung weckt.

Und natürlich danke ich auch euch da draußen, die ihr euch Bücher signieren lasst, mir immer wieder schreibt, wie sehr ihr euch auf Neuerscheinungen freut, euch mit mir austauscht und mir das Gefühl gebt, mit meinem Wissen und meinen Talenten etwas halbwegs sinnvolles auf den Weg zu bringen. Ihr könnt vermutlich nur schwer erahnen, wie viel euer Zuspruch mir als Autorin bedeutet. Rock on!

Véro

zu den Abbildungen

Die Zeichnungen in diesem Buch sind frei, die Artenportraits auf Grundlage verschiedener Fotografien entstanden. Diese Portraits habe ich mit größter Sorgfalt und so naturnah wie möglich erarbeitet. Sie vermitteln dir einen guten Gesamteindruck der dargestellten Arten, aber nagel mich bitte nicht drauf fest. Zur zweifelsfreien Bestimmung nimmst du lieber validierte Fotos oder gleich einen Insektenführer zur Hilfe.

Impressum

Mit 431 Illustrationen von Véro Mischitz.

Umschlaggestaltung von
Populärgrafik Stuttgart
unter Verwendung von Illustrationen von Véro Mischitz.

Der Inhalt dieses Buches ist sorgfältig recherchiert und erarbeitet worden. Dennoch können weder Autorin noch Verlag für alle Angaben im Buch eine Haftung übernehmen.

Unser gesamtes Programm findest du unter kosmos.de
Über Neuigkeiten informieren dich regelmäßig unsere Newsletter, einfach anmelden unter kosmos.de/newsletter

MIX
Papier aus verantwortungsvollen Quellen
FSC® C084279

Gedruckt auf chlorfrei gebleichtem Papier

ISBN: 978-3-440-17099-1
Projektleitung/Redaktion: Lisa Hummel
Gestaltungskonzept und Satz: Véro Mischitz
Produktion: Markus Schärtlein
Printed in Hungary / Imprimé en la Hongrie

Exkurs: Der Grundbauplan [Für alle, die es noch genauer wissen wollen.]

Der Körperbau in all seinen Variationen ist ein wesentliches Unterscheidungsmerkmal für Insekten. Erfahrene Insektenkundige wissen genau, wo sie hinschauen müssen, um den Tierchen ihre Geheimnisse zu entlocken. Diese Details und Begriffe werden interessant, wenn du später auch mit Bestimmungsschlüsseln oder -büchern arbeiten möchtest.

1. FUTTERN, SEHEN, FÜHLEN – ALLES KOFPSACHE

Am KOPF sitzen die Sinnesorgane und die Mundwerkzeuge. Das eingebaute Essbesteck der Insekten gibt es in den unterschiedlichsten Ausführungen. Es ist an die jeweilige Ernährungsweise angepasst und für manche Gruppen charakteristisch.

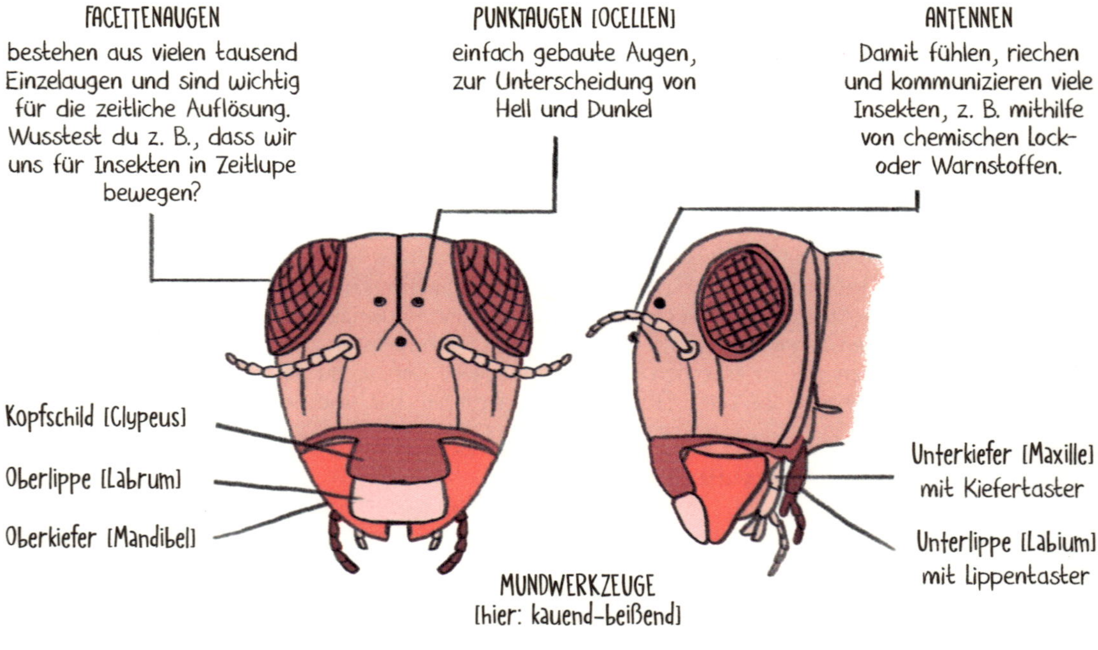

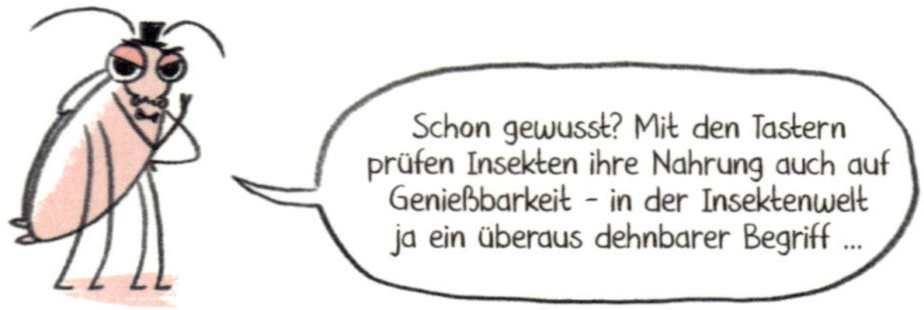